Dipl.-Ing. Wolf Siebel

Weltweit Radio hören

Die Anleitung zum Kurzwellenempfang

Die 1. bis 6. Auflage dieses Buches
erschien unter dem Titel
Funk aus aller Welt

Siebel Verlag

CIP-Titelaufnahme der Deutschen Bibliothek

Siebel, Wolf:
Weltweit Radio hören : die Anleitung zum Kurzwellenempfang / Wolf Siebel. – 8., völlig überarb. u. aktualisierte Aufl. – Meckenheim : Siebel, 1992
ISBN 3-922221-57-2

ISBN 3-922221-57-2

8., völlig überarbeitete und aktualisierte Auflage 1992

© Copyright: Siebel Verlag GmbH, Meckenheim, 1992

Sämtliche Rechte, insbesondere das Recht der Vervielfältigung und Übersetzung vorbehalten.

Kein Teil des Buches darf in irgendeiner Form (durch Fotokopie, Mikrofilm, elektronische Datenverarbeitung bzw. Datenspeicherung oder andere Verfahren) ohne schriftliche Genehmigung des Verlages vervielfältigt, verarbeitet oder verbreitet werden.

Herstellung: betz-druck gmbh, Darmstadt-Arheilgen

Inhalt

Vorwort	4
Rundfunk – weltweit	5
Was sind QSL-Karten?	9
Die Wellenbereiche	10
So gelingt der Kurzwellenempfang	14
Zeitangaben: UTC und MEZ/MESZ	16
Ihr Einstieg ins Kurzwellenhören	18
Hörerbriefe – Kontakt mit den Sendern	22
Der Empfangsbericht	25
SINPO-Code	28
Sendungen in Deutsch aus aller Welt	32
Sendungen in Englisch aus aller Welt	76
Die Sendepläne der wichtigen Sender	87
Deutsche Sender auf Kurzwelle	98
Die Deutsche Welle	99
Im Sprung um die Welt	101
Braucht man eine Antenne?	102
KW-Weltempfänger	104
Vereine (DX-Clubs)	122
Senderregister	123
Das Jahrbuch „Sender & Frequenzen"	124
Leserservice	126

Vorwort

Ich freue mich sehr, daß mein Buch „Funk aus aller Welt" seit dem ersten Erscheinen im Jahr 1980 eine so große Resonanz gefunden hat. Das Echo der Leser war und ist ganz bemerkenswert, was sich durch zahlreiche Leserbriefe dokumentieren läßt.

Fast täglich schreiben mir Leser, wie erstaunt sie über die interessanten und vielfältigen Möglichkeiten sind, die der weltweite Kurzwellenrundfunk bietet. Sie berichten mir auch über ihre Erfolgserlebnisse, über die zahlreichen Sender, die sie schon empfangen haben und über die Freude, mit dem Kurzwellenempfang zudem eine überaus interessante und lehrreiche wie auch fesselnde Freizeitbeschäftigung gefunden zu haben.

Das zeigt mir, mit dem Konzept und dem Stil dieser Einführung und Anleitung zum weltweiten Rundfunk-Empfang genau richtig zu liegen.

Der Kurzwellenrundfunk ist ein sich ständig veränderndes Medium. Es war daher erforderlich, die vorliegende 8. Auflage völlig zu überarbeiten und zu aktualisieren.

Ich danke ausdrücklich den vielen früheren Lesern, die mir wichtige Ideen und Anregungen mitgeteilt haben. Viele davon wurden in dieser Neuauflage berücksichtigt.

Bitte benutzen Sie die Gelegenheit, sich bei Fragen und Wünschen nach weitergehenden Informationen direkt an mich zu wenden. Ich selbst als begeisterter Kurzwellenhörer bin gern bereit, Ihnen zu helfen. Meine Adresse finden Sie am Ende des Buches (Leserservice).

Ich wünsche Ihnen viel Freude beim weltweiten Empfang!

Wolf Siebel

Rundfunk – weltweit

Seit der Ausstrahlung der ersten Rundfunksendung sind nun schon mehr als 60 Jahre vergangen und heute gehört der Rundfunk zu unserem täglichen Leben. Fast jeder von uns hat mehr oder weniger regelmäßig das Radio eingeschaltet. Wir hören aufmunternde Musik zum Wachwerden, Nachrichten, Magazinsendungen zur Information und Unterhaltungsprogramme. Unsere Rundfunkversorgung mit UKW-Sendern ist so ausgebaut, daß man oft eine ganze Reihe von verschiedenen Regional- und Lokalsendern in sehr guter Qualität empfangen kann. Die Tatsache aber, daß man viel mehr Sender hören kann als nur die Handvoll allgemein bekannter Rundfunkanstalten und Lokalradios, überrascht immer wieder.

Zur Zeit senden mehr als 40 Rundfunkdienste in aller Welt deutschsprachige Programme für Hörer in Deutschland und den umliegenden Ländern. Viele dieser Sender sind recht gut zu hören. Dazu muß man allerdings den Kurzwellenbereich (KW – zum Teil auch mit K oder SW bezeichnet) des Radios einschalten. Den Kurzwellenbereich kennen Sie als Radiohörer oft nur von einem flüchtigen Probieren, das mit dem Ergebnis endete, daß auf Kurzwelle außer Rauschen und Piepsen nichts Rechtes zu hören ist. Dabei ist die Kurzwelle in Wirklichkeit der Rundfunkbereich, der die größte Auswahl an hörbaren Sendern bietet!

Der Empfang von Rundfunksendungen aus aller Welt ist eigentlich ganz einfach, wenn man erst einmal ein paar Tips beachtet und richtig mit dem Rundfunkgerät umgeht – aber dazu kommen wir später.

Zunächst mag es unglaublich klingen, daß man Rundfunksender von allen Erdteilen so leicht empfangen kann. Die besonderen Ausbreitungseigenschaften der Kurzwellen machen es aber möglich, Funksignale über Tausende von Kilometern und auch rund um die Welt zu schicken. Ein ganz normales Radio reicht oft aus, diese Kurzwellensendungen zu empfangen.

Diesen Effekt machen sich Rundfunkdienste fast aller Staaten zu Nutzen, doch bleiben wir erst einmal im eigenen Land: In Köln ist die DEUTSCHE WELLE beheimatet. Diese Rundfunkanstalt hat den Auftrag, den Hörern im Ausland ein Bild von Deutschland zu vermitteln und ihnen Informationen und Meinungen über das Geschehen in unserem Land aus unserer Sicht zu geben. Aber auch die vielen Deutschen in aller Welt, vom Diplomaten bis zum Touristen, sind froh über die Möglichkeit, mit dem Radio Sendungen aus der Heimat hören zu können. Dazu strahlt die DEUTSCHE WELLE in deutscher und über 30 anderen Sprachen Sendungen auf Kurzwelle in alle Himmelsrichtungen aus.

Rundfunkanstalten wie die DEUTSCHE WELLE, deren Aufgabe es ist, über die Landesgrenzen hinweg Rundfunksendungen auszustrahlen, gibt es in fast jedem Land der Welt.

Deswegen herrscht auf den Kurzwellen-Rundfunkbereichen ein chaotisch anmutendes Stimmen-, Musik- und Geräuschgewirr, auf das die Bezeichnung „Wellensalat" gut paßt. Das ist aber alles gar nicht so schlimm und kompliziert, wie es sich beim ersten Mal anhört.

Zurück zu den Sendern, die deutschsprachige Programme für Hörer in Europa ausstrahlen. Dazu ein eindrucksvolles Beispiel: Zwischen 18 und 20 Uhr (MEZ) am frühen Abend kann man sich an das Radio setzen, die Kurzwelle einschalten und dann wählen zwischen den Deutsch-Sendungen von Rundfunkdiensten aus folgenden Ländern:

Afghanistan, Albanien, Bulgarien, China, Ekuador, Frankreich, Großbritannien, Italien, Iran, Jugoslawien, Österreich, Polen, Rumänien, Schweden, Schweiz, Sowjetunion, Spanien, Syrien, Tschechoslowakei, Ungarn.

Diese Sender kann man alle mit einem halbwegs guten Rundfunkgerät recht ordentlich empfangen.

Im gleichen Zeitraum senden rund 30 Rundfunkstationen in aller Welt (z.B. Radio Dubai, Voice of Vietnam, Radio Pakistan, BBC

Uta Rindfleisch-Wu vom deutschsprachigen Programm der Voice of Free China bei Aufnahmen im Studio (Foto: VoFC).

London, Voice of America, Radio New Zealand, Kol Israel ...) englischsprachige Sendungen für Hörer in Europa, von denen viele gut hereinkommen. Das zahlenmäßige Angebot von Rundfunksendern ist enorm, aber was bieten die Sendungen – wie ist das Programm?

Dazu wieder ein Beispiel: Als der Verfasser diese Zeilen schrieb, war die deutsche Wiedervereinigung das beherrschende Thema. Da die Wiedervereinigung viele andere Länder in ihren Interessen berührt, ist es sehr interessant, Standpunkte, Meinungen und Stimmungen direkt aus diesen Ländern zu hören. Nur mit dem Radio ist das möglich: auf Knopfdruck Moskau, Warschau, London, Paris, Washington einzuschalten. Zu diesem Thema waren natürlich zur selben Zeit von zahlreichen anderen Sendern Kommentare und Meinungen aller Richtungen zu hören.

Für den Hörer bietet der Kurzwellenrundfunk die einzigartige Möglichkeit, viele verschiedene Informationen und Meinungen zu hören, um so einen objektiveren und umfassenderen Eindruck vom Weltgeschehen zu bekommen. Dazu kommt der Informationsvorsprung, denn wenn im Fernsehen oder in der Tageszeitung berichtet wird: „... laut Meldung von Radio XYZ ...", dann kann der Kurzwellenhörer diese Meldung Stunden vorher schon in der zitierten Nachrichtensendung von Radio XYZ gehört haben.

Der internationale Rundfunk bietet die Möglichkeit, an Informationen heranzukommen, die man hierzulande in unseren Medien fast gar nicht serviert bekommt. Der Kurzwellenhörer, der auch über die Landesgrenzen hinaus ein offenes Ohr hat, verbreitet so sein Wissen über, und sein Verständnis für andere Länder und Völker. Und auch die Parole von der Förderung der Völkerverständigung kann durchaus angeführt werden.

Wer sich für das kulturelle Leben in anderen Ländern interessiert, für die Sitten und Gebräuche der Menschen dort, der wird den internationalen Rundfunk schätzen. So ist es unglaublich anregend, vor einer geplanten Reise, beispielsweise nach Schweden, die Sendungen von Radio Schweden zu hören. Fast alle Sender bieten spezielle Touristensendungen an, die zahlreiche interessante Reiseinformationen enthalten und schon oft genug Ausschlag gaben für einen Urlaub.

Ob es Musik, Literatur, Kunst oder auch nur die Vorliebe für Briefmarken ist, die den Hörer in der Freizeit beschäftigt, für jeden Geschmack läßt sich in den meisten Programmen etwas finden.

Die Qualität der Programme ist sehr unterschiedlich. Von der perfekt gestalteten und moderierten Sendung bis zum bloßen Abstottern oberflächlicher Nachrichten reicht die Programmgestaltung der Sender. Es gibt aber reichlich Rundfunksender in aller Welt, die ihren Hörern ein wirklich hörenswertes, interessantes, abwechslungsreiches und kurzweiliges Programm bieten.

Das Kurzwellenhören hat aber für den Hörer neben den bereits geschilderten Vorzügen noch einen ganz besonderen Reiz. Die meisten internationalen Rundfunkdienste sind sehr am Kontakt mit den Hörern interessiert. Briefe mit Stellungnahmen zum Programm, Wünschen und Anregungen sind willkommen und werden in der Regel rasch beantwortet. Ein Kurzwellenhörer, der an die gehörten Sender schreibt, wird schon bald Post aus aller Welt im Briefkasten vorfinden. Viele der großen Auslandssender verschikken regelmäßig Programmhefte und Sendepläne, und manchmal bekommt man auch Kalender und kleine Souvenirs.

Was sind QSL-Karten?

Außerdem besteht die Möglichkeit, über gehörte Sendungen Empfangsberichte zu schreiben. Korrekte Berichte werden von den Sendern mit sogenannten „QSL"-Karten bestätigt. Diese bunten QSL-Karten aus der ganzen Welt sind oft begehrte Trophäen der Kurzwellenhörer.

Die Wellenbereiche

Bevor wir mit dem KW-Empfang beginnen, müssen noch einige Begriffe geklärt werden im Zusammenhang mit den Wellenbereichen des Rundfunks.

Die meisten Rundfunkgeräte verfügen über mehrere Wellenbereiche. Am bekanntesten ist der UKW-Bereich (UKW = Ultrakurzwelle). Auf UKW empfangen Sie Ihre regionalen und lokalen Rundfunksender, wobei der Empfang in bester Qualität möglich ist.

Die Mittelwelle (MW) hat stark an Bedeutung verloren, obwohl hier noch alle deutschen Rundfunkanstalten senden. Die Qualität ist gegenüber dem UKW-Empfang schlechter, dafür kann man aber auch weiter entfernte Sender empfangen, besonders am Abend und in der Nacht.

Völlig außer Gebrauch geraten ist die Langwelle (LW), denn da gibt es nur eine Handvoll Sender zu hören.

Bleibt noch die Kurzwelle, von der sicher viele Leser dieses Buches bislang annahmen, daß sie überflüssig sei – eine preiserhöhende, aber sonst nutzlose Zierde des Radios. Nach der vorangegangenen Einleitung wissen Sie es besser, welche interessanten Möglichkeiten im verborgenen, bisher ungenutzten Kurzwellenbereich auf ihre Entdeckung warten.

Beim Radio dreht sich nun alles um die Frequenz. Doch keine Sorge – es wird nun nicht technisch.

Jeder Sender sendet sein Programm auf einer bestimmten Funkwelle mit einer dazugehörigen Frequenz. Mit der Angabe der Frequenz kann man also genau die Stelle im gesamten Frequenzspektrum kennzeichnen, auf der ein bestimmter Sender zu hören ist.

Die Funkwellen werden in Metern (m) gemessen. Die Frequenz wird nach dem deutschen Physiker Heinrich Hertz in Hertz (Hz) angegeben.

Beim Funk werden höhere Frequenzen benutzt: 1 Kilohertz (kHz) ist gleich 1000 Hertz (Hz) und ein Megahertz (MHz) ist gleich 1000 kHz oder 1.000.000 Hertz. Frequenzangaben werden üblicherweise in kHz oder MHz gemacht.

Zwischen Wellenlänge und Frequenz besteht ein physikalischer Zusammenhang. Folgende Umrechnungsformel wird benutzt:

$$\frac{300.000}{\text{Wellenlänge (in m)}} = \text{Frequenz (in kHz)}$$

Der Rundfunk nutzt Teile aus dem gesamten Frequenzspektrum von den langen Wellen (Langwelle) bis zu den ultrakurzen Wellen (UKW). Die Frequenzbereiche gehen aus der Tabelle hervor.

Rundfunkbereiche LW–MW–KW–UKW

Langwelle (LW)	150 kHz –	285 kHz
Mittelwelle (MW)	525 kHz –	1605 kHz
Kurzwelle (KW)	3000 kHz –	30000 kHz
	(in Teilbereichen)	
Ultrakurzwelle (UKW)	87,5 MHz –	108 MHz

Der Kurzwellenbereich reicht also von 3 bis 30 MHz. Dieses Frequenzspektrum ermöglicht weltweite Funkverbindungen, für die es natürlich zahlreiche Interessenten gibt. So senden auf Kurzwelle beispielsweise der Seefunk und Flugfunk, kommerzielle Nachrichtendienste, das Militär der verschiedensten Staaten, Zeitzeichensender und auch die ursprünglichen Entdecker der Kurzwelle, nämlich die Amateurfunker. Daher wurde der gesamte Kurzwellenbereich aufgeteilt für die Nutzung durch die verschiedenen Bedarfsgruppen.

Dem Rundfunk wurde eine Reihe von Bereichen zugewiesen, die auf das gesamte KW-Spektrum verteilt sind. Die Tabelle gibt einen Überblick über die Rundfunkbereiche auf Kurzwelle (KW-Rundfunkbänder).

Rundfunkbereiche auf Kurzwelle

120 - Meter-Band	2300 – 2495 kHz
90 - Meter-Band	3200 – 3400 kHz
75 - Meter-Band	3900 – 4000 kHz
60 - Meter-Band	4750 – 5060 kHz
49 - Meter-Band	5950 – 6200 kHz
41 - Meter-Band	7100 – 7300 kHz
31 - Meter-Band	9500 – 9775 kHz
25 - Meter-Band	11700 – 11975 kHz
22 - Meter-Band	13600 – 13800 kHz
19 - Meter-Band	15100 – 15450 kHz
16 - Meter-Band	17700 – 17900 kHz
13 - Meter-Band	21450 – 21750 kHz
11 - Meter-Band	25600 – 26100 kHz

Die Rundfunkbänder sind nach Wellenlängen benannt. So entspricht beispielsweise die Frequenz 6100 kHz ungefähr einer Wellenlänge von 49 Metern, deswegen wird der Rundfunkbereich von 5950 bis 6200 kHz als das 49-Meter-Band bezeichnet.

Fast alle Rundfunksender der Welt halten sich an diese internationale Übereinkunft. Es gibt aber auch einige Sender, die außerhalb dieser KW-Rundfunkbereiche zu finden sind.

Die meisten Radios bieten nicht alle hier genannten KW-Bänder, sondern haben nur das 49-Meter-Band oder die Bänder von 49 bis 19 m. Für den normalen Kurzwellenempfang ist das auch völlig ausreichend. So kann man allein auf dem 49-Meter-Band schon fast alle europäischen Sender empfangen. Das 49-Meter-Band wird deswegen auch oft als Europaband bezeichnet. Etwa die gleichen Empfangsmöglichkeiten bietet das 41-Meter-Band.

Das 31-Meter-Band, das 25-Meter-Band und das 22-Meter-Band werden benutzt zur Ausstrahlung von Sendungen über kurze bis mittlere Entfernungen (1000 bis 3000 km) von den frühen Morgenstunden bis zum späten Abend.

Die Bänder von 19 m bis 11 m sind ausgesprochene Weitverkehrsbänder für die Überbrückung sehr großer Entfernungen am Tag.

Fehlen noch die Bänder 90 m, 75 m und 60 m, welche auch als Tropenbänder bezeichnet werden, weil sie vornehmlich der Rundfunkversorgung in den tropischen Regionen unserer Erde vorbehalten sind.

Wenn Sie Ihr Radio betrachten, die Skalen und Bedienungselemente, werden Sie die hier vorgestellten Rundfunkbereiche wenigstens zum Teil vorfinden und können schon bald erfolgreich KW-Sender empfangen.

Lieber Freund Wolf Siebel,

mit Freude haben wir Ihren Empfangsbericht vom 18.07.87. um 20.00 Uhr UTC auf der Frequenz 11500 kHz erhalten.

Weitere Berichte von Ihnen sind uns willkommen.

Radio Beijing
Deutsche Redaktion

So gelingt der Kurzwellenempfang

○ Der Empfang von KW-Rundfunksendungen ist grundsätzlich mit jedem Radiogerät möglich, das einen Kurzwellenbereich hat. Man benötigt also nicht einen speziellen Empfänger, obwohl natürlich die sogenannten Weltempfänger mehr Möglichkeiten bieten und bessere Empfangsergebnisse bringen.

○ Wichtig für den Kurzwellenempfang ist die Antenne. Aber keine Angst, damit ist kein Riesengebilde auf dem Dach gemeint. Es genügt nämlich bei einem Kofferradio, die Teleskopantenne ganz herauszuziehen. Und bei Geräten mit einer Antennen-Anschlußbuchse legt man einfach ein paar Meter Draht in der Wohnung aus und schließt ein Ende an der Antennenbuchse an – und schon hört man statt Rauschen die verschiedensten Sender. Wenn das Radio an einer Gemeinschaftsantenne angeschlossen ist, sollte man ausprobieren, was besser ist.

○ Der Rundfunk auf Kurzwelle spielt sich innerhalb der dafür vorgesehenen KW-Bänder ab (siehe Tabelle). Diese Bereiche sind auf den Radioskalen gekennzeichnet. Viele Geräte bieten nur einen Teil dieser Bänder.

○ Die KW-Sender liegen relativ dicht beieinander, daher ist die Einstellung auf einen bestimmten Sender oft nicht ganz einfach. Man muß schon mit etwas Fingerspitzengefühl am Abstimmknopf drehen. Manche Rundfunkgeräte haben auch eine sogenannte Kurzwellenlupe, die den KW-Bereich spreizt und die Abstimmung erleichtert.

○ Bei der Vielfalt der Stationen ist es häufig unklar, welchen Sender man nun gerade empfängt. Die KW-Stationen machen deswegen von Zeit zu Zeit sogenannte Stationsansagen (immer zur vollen Stunde, oft aber auch im Laufe der Sendungen).

○ Erwarten Sie bitte keinen KW-Empfang in HiFi-Qualität. Zwar sind viele Sender recht gut zu empfangen, aber häufig beeinträchtigen Geräusche und andere Sender den Empfang. Zudem ist der KW-Empfang abhängig von atmosphärischen Ausbreitungsbedingungen und deshalb oft großen Schwankungen unterworfen. Besonders die weit entfernten Sender können an verschiedenen Tagen ganz unterschiedlich gut oder schlecht hereinkommen.

○ Beim Kurzwellenhören sollte man eine gute Portion Geduld mitbringen. Nicht jeder Sender läßt sich auf Anhieb finden und manche sind auch nur gelegentlich hörbar. Gerade für solche KW-Hörer, die auf der Suche nach immer neuen Sendern sind, empfiehlt sich der regelmäßige Bezug des Jahrbuches „Sender & Frequenzen" und einer KW-Zeitschrift, um die nötigen aktuellen Informationen über Empfangsmöglichkeiten zu erhalten.

Blick in ein Studio der Voice of America. (Foto: VoA)

Zeitangaben: UTC und MEZ/MESZ

Oft stiften die ungewohnten Zeitangaben beim KW-Neuling Verwirrung. Die Sache ist aber ganz einfach: Im Internationalen Rundfunk wird einheitlich die **„Universalzeit" (UTC)** benutzt, die man auch „Weltzeit" nennt. Wegen der verschiedenen Lokalzeiten käme es sonst nämlich zu einem großen Durcheinander und zu Mißverständnissen. Die früher gebräuchliche „Greenwich Mean Time" (GMT) entspricht in ihrer Umrechnung der UTC.

Bei uns im täglichen Leben gilt im Winterhalbjahr die **„Mitteleuropäische Zeit" (MEZ)**, beziehungsweise im Sommerhalbjahr die **„Mitteleuropäische Sommerzeit" (MESZ)**. Die Sommerzeit gilt bei uns von Anfang April bis Ende September.

Um nun die UTC zu errechnen, zieht man von der MEZ eine Stunde ab, und von der MESZ zieht man zwei Stunden ab.

UTC = MEZ –1 Stunde   **UTC = MESZ –2 Stunden**

Beispiel: 1525 Uhr UTC = 1625 Uhr MEZ = 1725 Uhr MESZ

Rechnet man zur UTC eine Stunde hinzu, hat man die MEZ, rechnet man zwei Stunden hinzu, ergibt sich die Sommerzeit MESZ.

Ein Tip: plazieren Sie einfach neben Ihrem Radio eine Uhr, die Sie auf die UTC-Zeit einstellen. Sie müssen dann nicht immer umrechnen oder überlegen.

Hinweis: Um aber jedem Einsteiger den Weltempfang zu erleichtern, sind in diesem Buch alle Zeitangaben ausschließlich in „unserer" Zeit ME(S)Z (nicht Weltzeit UTC)! Sie müssen also hier keine Zeitangaben umrechnen!

parlez-vous Français?

Nein? — Wir können es für Sie!
... und senden täglich eine Stunde
(MW, KW und UKW-Berlin)
auf deutsch

WISSENSWERTES AUS UND ÜBER FRANKREICH

mit viel Musik
und Unterhaltung
in lockerer Form.

AUSKUNFT
R.F.I., 116 av. Pr. Kennedy · F-75786 Paris Cedex 16

Ihr Einstieg ins Kurzwellenhören

Um sich mit dem Empfang von Rundfunksendern auf Kurzwelle vertraut zu machen, eignet sich als erster Einstieg das Hören von Sendern im 49-Meter-Band. Einerseits hat ziemlich jedes Radio zumindest diesen KW-Bereich. Andererseits bietet das 49-m-Band, das auch Europa-Band genannt wird, gute Empfangsmöglichkeiten für viele verschiedene Sender aus dem europäischen Raum. Ende der Vorrede – es geht gleich los!

Bitte lesen Sie zuerst die Tips „So gelingt der KW-Empfang"! Dann sollten Sie sich an Ihr Radio setzen, einschalten und mit der Senderabstimmung über den 49-m-Bereich drehen. Sozusagen als „Landkarte" finden Sie hier eine Tabelle mit dem Senderverzeichnis des 49-Meter-Bandes, in der alle wichtigen Sender aufgeführt sind. Wegen der jahreszeitlichen Wechsel geben wir hier nur grob an, welche Sender zu hören sind. Genaue Angaben finden Sie bei der Vorstellung der einzelnen Sender weiter hinten im Buch.

Fast den ganzen Tag können Sie folgende deutschsprachigen Sender hören: RIAS Berlin (6005 kHz), Süddeutscher Rundfunk SDR Stuttgart (6030 kHz), Deutsche Welle DW Köln (6075 kHz), Radio RTL Luxemburg (6090 kHz) und Radio Österreich International RÖI Wien (6155 kHz). Wenn Sie versuchen, zunächst diese Sender zu empfangen, ist das schon einmal eine gute erste Orientierung. Vormittags können Sie dann das mehrsprachige Inter-Programm von Radio Prag hören (6055 kHz) – jeweils zur vollen Stunde in Deutsch – sowie zum Beispiel Radio Polonia aus Warschau, Radio Finnland, Brüssel und am Wochenende auch Radio Schweden.

Mittags und nachmittags sind beispielsweise Radio Budapest, SRI Bern, wieder Radio Polonia, der Vatikan und der Italienische Rundfunk RAI Rom zu hören. So richtig interessant wird's aber – wie generell auf Kurzwelle – am späten Nachmittag bzw. frühen Abend. Eine ganze Reihe von Sendern sind dann mit Sendungen in deutscher Sprache recht gut zu hören: RFI Paris, BRT Brüssel, BBC London, SRI Bern, Radio Schweden und Radio Finnland, Radio Moskau, Radio Kiew, Radio Polonia/Warschau, Prag, Budapest, Bukarest, Jugoslawien, der Vatikan, RAI Rom und sogar zwei exotischere Sender, nämlich Radio Afghanistan und Radio Teheran/Iran. Ist das für den Anfang etwa nichts?

Wollen Sie zusätzlich auch englischsprachige Sendungen hören? Der BBC World Service sendet ganztägig auf 5975 und 6195 kHz, die Voice of America (VoA) hört man frühmorgens und den ganzen Abend über auf 6040 kHz, Radio Nederland kommt vormittags und nachmittags in Englisch/Niederländisch auf 5955 und 6020 kHz herein. Und in Französisch ist Radio RFI Paris fast rund um die Uhr auf 6175 kHz zu hören. Ebenfalls stark kommt SRI Bern auf 6165 kHz herein – das Programm ist ganz international in Deutsch, Englisch, Französisch, Italienisch und weiteren Sprachen.

Zurück zu Ihnen, liebe Leser und Radiohörer! Sie sollten langsam und behutsam das 49-m-Band erkunden. Viele der üblichen Rundfunkgeräte verfügen nur über eine ungenaue Skala, die keine genaue Ablesung bzw. Einstellung der Frequenz zuläßt. Um sich besser zurecht zu finden, empfiehlt es sich, einige gut hörbare, bekannte Sender als Orientierungspunkte zu benutzen und eventuell auf der Skala Ihres Empfängers zu markieren.

Aber woran erkennt man, welcher Sender gerade aus dem Lautsprecher des Radios schallt? Einmal an den Stationsansagen (wie „Hier ist Radio Prag mit dem deutschsprachigen Programm"), die recht häufig gemacht werden, zum anderen an den verschiedenen charakteristischen Merkmalen, für die Sie schon bald ein Gefühl bekommen werden.

Wenn Ihnen Ihre erste Entdeckungsreise auf Kurzwelle Freude gemacht hat, können Sie dann einmal ausprobieren, was die gesamte Kurzwelle zu bieten hat. Dazu mehr im nächsten Kapitel.

Frequenz (kHz)	Sender, Bemerkungen	Empfang
5905	R. Moskau, u.a. D/E	+
5910	BRT Brüssel, abends u.a. in D	+
5930	R. Prag, versch. Sprachen	+
5935	R. Riga, Lettland	+
5945	RÖI Wien, abends in D/E	o
5950	R. Moskau	o
5955	R. Nederland, u.a. in E	+
	R. Bukarest, abends u.a. in D/E/F	+
5960	R. Kiew, u.a. in D	+
5965	BRT Brüssel, vormittags u.a. in D	+
	VoA, versch. Sprachen abends	o
5970	R. Free Europe / R. Liberty	+
5975	BBC London, World Service in E	++
5980	R. Jugoslawien, abends u.a. D/E	o
5985	R. Free Europe, Ungarisch	++
5990	RAI Rom, nachm./abends u.a. in D	-/o
5995	R. Polonia Warschau, u.a. in D	-/o
	R. Bukarest, u.a. in D	+
	R. Jugoslawien, u.a. in D	+
	Radio Canada, u.a. in E/F	o/+
	VoA, frühmorgens in E	+
6000	Deutsche Welle	+
6005	RIAS Berlin, tagsüber in D	o/+
6010	BBC London, u.a. in D	+
	R. Moskau/Kiew/Minsk, u.a. in D	+
6020	R. Nederland, u.a. E	++
	R. Afghanistan, abends u.a. D/E	o/+
	R. Kiew, u.a. in D/E	++
6030	Südfunk 1 Stuttgart, tagsüber D	++
	R. Teheran, abends u.a. D/E	-/o
	versch. UdSSR-Sender, u.a. D/E	o
6035	BRT Brüssel, morgens u.a. F	+
	R. Sofia, u.a. in E	o
6040	VoA, abends/frühmorgens in E	++
6045	BBC World Service, tagsüber in E	++
	R. Moskau, abends	+
6055	R. Prag, u.a. in Deutsch	+

Frequenz (kHz)	Sender, Bemerkungen	Empfang
6060	RAI Rom, nachts u.a. in D	o/+
6065	R. Schweden, u.a. in D	+
6070	R. Sofia, abends u.a. in D/E	o
6075	Deutsche Welle, tagsüber in D	++
6085	Bayerischer Rundfunk, D	o
6090	R. Luxemburg, in D, abends E	++
6100	R. Jugoslawien, u.a. in D	-
6105	R. Bukarest, u.a. in E	-/o
	R. Liberty, in Russisch	+
6110	R. Budapest, u.a. in D	o
6115	Deutsche Welle	+
6120	R. Finnland, u.a. in D/E/F	+
6125	BBC London, u.a. in D	+
	VoA, nachts in E	+
6130	Deutsche Welle	+
6135	R. Polonia Warschau, u.a. in D	o
6140	Deutsche Welle	o/+
6145	versch. UdSSR-Sender, u.a. in D	++
	R. Afghanistan, via UdSSR	o
6150	R. France Int., u.a. in D	+
6155	RÖI Wien, überwiegend D	++
6165	SRI Bern, u.a. in D/E/F	++
6175	R. France Int., Französisch	++
6180	BBC London, World Service in E	o
6185	R. Vatikan	+
6190	SFB Berlin/Hansawelle Bremen, D	o/+
6195	BBC London, World Service in E	++
6205	HCJB Quito, u.a. morgens in D	+
6230	ERF/TWR Monaco, u.a. in D	++
6245	R. Vatikan, u.a. in D	o

Empfangsbewertung:
(-) schlecht, (o) mittelmäßig, (+) gut, (++) sehr gut
R. = Radio, D = Deutsch, E = Englisch, F = Französisch
VoA = Voice of America

Hörerbriefe – Kontakt mit den Sendern

Unter Berücksichtigung der Anleitungen und Ratschläge der vorangegangenen Kapitel haben Sie sicherlich bereits einige Rundfunkstationen aus aller Welt empfangen und verschiedene Sendungen hören können. Bei dem Bummel über die Kurzwellenbereiche und der Suche nach bestimmten Sendern stößt man erfahrungsgemäß auf zahlreiche interessante Sender, da ja rund vier Dutzend Rundfunkanstalten in aller Welt deutschsprachige Programme ausstrahlen und außerdem unzählbar viele andere Sender in den verschiedenen Sprachen auf Kurzwelle zu hören sind.

Es muß aber nicht beim Hören allein bleiben, denn die Rundfunkanstalten erwarten auch eine Resonanz in Form von Zuschriften und Empfangsberichten. Jeder Kurzwellensender wartet förmlich darauf, von den Hörern Stellungnahmen, Wünsche und Kritik zu den Sendungen zu erhalten. Und als Hörer hat man sicherlich eine Meinung zum Programm oder Erwartungen an zukünftige Sendungen. Also tun Sie doch das, worum Sie alle Kurzwellenstationen bitten: Schreiben Sie einen Brief, teilen Sie ehrlich mit, was Ihnen gefallen hat und was nicht, stellen Sie ihre Fragen und geben Sie Anregungen für weitere Sendungen!

Für Sie als Hörer ist natürlich jeder Brief auch mit Mühe, Portokosten und Zeitaufwand verbunden. Aber es lohnt sich, denn diese Hörerbriefe verschwinden in der Regel nicht in der Postablage oder im Papierkorb. Viele Sender beantworten Zuschriften brieflich oder gehen in den Sendungen darauf ein. Oft gibt es auch spezielle Hörerpostsendungen; die betreffenden Hörer werden vorher meistens benachrichtigt. Auf den Wunsch der Hörer bauen ebenfalls die Wunschkonzerte auf, die viele Sender im Programm haben. Jeder Hörer kann sich einen Musiktitel wünschen und dabei auch oft Grüße an Verwandte und Bekannte durchgeben lassen – eine beliebte Möglichkeit. Zahlreiche Rundfunksender verschicken auch gern ihre Sendepläne und zum Teil auch Programmzeitschriften und ähnliches, wenn man danach fragt. Interessierte Hörer können die neuesten Sende- und Programmpläne auch regelmäßig erhalten. Wünsche nach anderen Unterlagen, wie Touristik-Informationen u.ä. werden nach Möglichkeit erfüllt. Häufig veranstalten die KW-Sender auch Preisrätsel und Wettbewerbe, bei denen vom kleinsten Souvenir bis hin zur Reise ins betreffende Land alles mögliche gewonnen werden kann. Treue Hörer erhalten gelegentlich Kalender, Wimpel oder andere kleine, aber nette Anerkennungen. Einige Sender unterhalten Hörerklubs, denen man unter bestimmten Bedingungen beitreten kann und die den Kontakt zwischen Hörer und Sender festigen sollen.

Eine andere freundliche Gepflogenheit der Kurzwellendienste besteht darin, Empfangsberichte mit besonderen Bestätigungskarten, den sogenannten „QSL"-Karten zu beantworten. Diese hübschen QSL-Karten aus aller Welt sind oft die heißgeliebten Trophäen und Schmuckstücke eines Kurzwellenhörers, kann er doch damit anschaulich und eindrucksvoll beweisen, welche Rundfunksender aus allen möglichen Ländern er schon gehört hat. Um eine solche QSL-Karte zu bekommen, muß man allerdings einen Empfangsbericht schreiben. Darüber erfahren Sie mehr im nächsten Kapitel. Wenn Sie an einen Sender schreiben, sollten Sie folgende Regeln beachten:

○ Jeder Sender, der ein Rundfunkprogramm ausstrahlt, erwartet von den Hörern Stellungnahmen zum Programm.

○ An alle Sender, die ein deutschsprachiges Programm ausstrahlen, kann man auch in Deutsch schreiben, ansonsten in Englisch oder einer anderen Sprache.

○ Die Adressen der einzelnen Sender finden Sie in diesem Buch bei der Vorstellung der deutschsprachigen und englischsprachigen Auslandsdienste. Darüber hinaus hilft das Jahrbuch „Sender & Frequenzen".

- An Rundfunkstationen in Europa schickt man einen ganz normalen Brief. Nach Übersee empfiehlt sich der Luftpostweg, weil es schneller geht.

- Vergessen Sie nicht, überall Ihre Adresse deutlich anzugeben – nicht nur auf dem Briefumschlag, sondern auf allen Blättern.

- Rückporto ist in der Regel nicht nötig. Wenn es doch einmal gefordert wird, gibt es bei den Postämtern die „Internationalen Antwortscheine" (IRC), die in fast jedem Land der Welt gegen landesübliche Briefmarken eingetauscht werden können und so als internationales Rückporto dienen.

- Die eigentliche Aufgabe einer Rundfunkanstalt ist es, ein Programm auszustrahlen. Alles, was darüber hinaus geht, vom Beantworten der Hörerbriefe, dem Ausstellen der QSL-Karten bis zum Zuschicken irgendwelcher Unterlagen, ist eine Freundlichkeit des Senders. Diese Freundlichkeit sollte man erwidern, indem man sich im nächsten Brief für Antworten, Programmhefte, QSLs, Souvenirs und dergleichen bedankt. Und man sollte auch gleich in höflichem Ton schreiben.

- Wer laufend von einem Sender QSL-Karten haben möchte, verärgert diese Station nur. Deshalb nur dann ausdrücklich in einem Empfangsbericht eine QSL-Karte anfordern, wenn es beispielsweise eine neue Karte gibt oder man die QSL für einen bestimmten Zweck benötigt. Das dutzendweise Horten der gleichen QSL ist Unfug.

- Hörerbriefe und Empfangsberichte sollten immer auf getrennten Blättern geschrieben werden.

- Und zu guter Letzt: Überhäufen Sie die Rundfunksender nicht mit zahllosen Forderungen und Wünschen.

Der Empfangsbericht

Die Bedeutung des Empfangsberichtes muß von zwei Seiten gesehen werden. Der Hörer, der einen Empfangsbericht schreibt, möchte in der Regel damit erreichen, eine QSL-Karte oder ähnliches als Bestätigung zu bekommen. Für die Rundfunksender haben die Empfangsberichte unterschiedliche Bedeutung.

Ein Empfangsbericht ist im wesentlichen eine Mitteilung über die Empfangsqualität bestimmter Sendungen. Für jeden Rundfunksender ist es natürlich wichtig zu wissen, ob und wie gut einzelne Sendungen im Zielgebiet ankommen.

Große, internationale Rundfunkdienste unterhalten eigene Empfangsstationen oder beauftragen Monitore, die laufend die eigenen Sendungen und die Sendungen anderer Stationen beobachten. Die Ergebnisse dieser Beobachtungen werden untereinander ausgetauscht. So sind also die Sender bestens über die Empfangssituation informiert und benötigen deswegen Empfangsberichte der Hörer lediglich als Ergänzung.

Die kleinen Auslandsdienste sind schon eher auf Empfangsberichte angewiesen und legen besonderen Wert auf regelmäßige Berichte von zuverlässigen Stammhörern.

Viele Sender übertragen auf Kurzwelle Sendungen, die überhaupt nicht für das Ausland bestimmt sind. Besonders in den tropischen Ländern wird die Kurzwelle zur Inlandsversorgung benutzt. Für diese Stationen hat natürlich ein Empfangsbericht von irgendeinem Hörer weitweg vom eigentlichen Zielgebiet gar keinen Sinn und wird lediglich als Kuriosität betrachtet.

Jeder Kurzwellenhörer, der einen Empfangsbericht schreibt und damit auch meistens eine Bestätigung erwartet, sollte sich über die jeweilige Bedeutung seines Berichtes im klaren sein.

Kommen wir zur Praxis. Ein guter Empfangsbericht muß bestimmte Einzelheiten enthalten, die nachfolgend kurz aufgezählt werden:

- **Absenderangabe** mit genauer Adresse.

- Die **Bezeichnung** des gehörten **Senders**.

- Die **Zeit**, in der die Sendung gehört wurde. Der Bericht sollte mindestens über 15 bis 30 Minuten der gehörten Sendung eine Aussage machen. Die Zeitangabe erfolgt in der im internationalen Rundfunk jetzt allgemein üblichen „Universalzeit" (UTC).

- **Empfangsfrequenz(en)**, möglichst die genaue Frequenz in kHz oder MHz oder das Meterband. Die genaue Frequenz erfährt man aus der Ansage in der Sendung oder aus Sendeplänen o.ä. Moderne KW-Empfänger ermöglichen die genaue Ablesung der eingestellten Frequenz.

- Die **Empfangsqualität** wird mit dem SINPO-Code bewertet. Erläuterungen dazu finden Sie auf den nächsten Seiten.

- **Programmdetails** werden gefordert, um zu beweisen, daß man die betreffende Sendung auch wirklich gehört hat. Es reicht nicht aus, „Nachrichten, Kommentar, Musik" zu schreiben. Man muß schon in Stichworten angeben, welche Nachrichten gebracht wurden, worum es im Kommentar ging, welche Titel in der Musiksendung gespielt wurden oder welche Themen die einzelnen Sendungen behandelten. Dazu gehört auch die Angabe der Programmsprache (Deutsch, Englisch, usw.).

- **Art des Empfängers** (normales Radio, spezieller KW-Empfänger) und der **Antenne** (Teleskop-, Innen-, Außenantenne).

- Hinweis, ob die **Bestätigung** des Empfangsberichtes mit einer **QSL-Karte** gewünscht wird.

Stellungnahmen zum Programm, Fragen usw. sollten immer auf einem besonderen Blatt geschrieben werden. Bitte beachten Sie auch die vorangegangenen Regeln zum Schreiben an die Rundfunksender.

Es ist zweckmäßig, für Empfangsberichte geeignete Formulare zu verwenden. Als Beispiel für einen korrekten Empfangsbericht können Sie sich diesen Muster-Bericht des Verfassers über eine Sendung von Radio Nacional do Brasil anschauen:

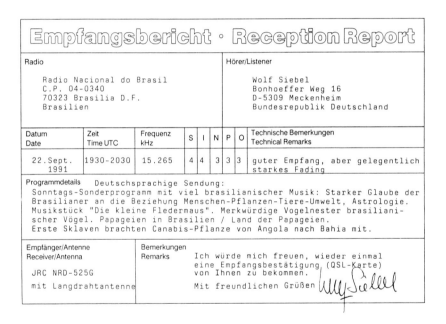

Vordrucke für Empfangsberichte (wie hier abgebildet, Originalgröße DIN A5) erhalten Sie über unseren Leserservice (siehe Informationen am Ende des Buches).

SINPO-Code

Es ist natürlich möglich, die Qualität des Empfangs mit Worten zu beschreiben. Bei Berichten an Lokalsender ist dies auch unbedingt notwendig. Für Empfangsberichte an die Auslandsrundfunkdienste empfiehlt sich allerdings die Anwendung des sogenannten SINPO-Codes (auch SINFO). Dieser SINPO-Code erlaubt eine vereinfachte Empfangsbeurteilung von Kurzwellen-Rundfunksendungen und ermöglicht den Vergleich verschiedener Beurteilungen. Das Beurteilungsschema besteht aus fünf Kriterien mit jeweils fünf Qualitätsstufen:

Stufe	S Lautstärke	I Interferenz	N Nebengeräusche	P Ausbreitungsstörungen	O Gesamtbewertung
5	sehr stark	keine	keine	keine	sehr gut
4	stark	gering	gering	gering	gut
3	mittel	mittel	mittel	mittel	mittel
2	schwach	stark	stark	stark	schlecht
1	sehr schwach	sehr stark	sehr stark	sehr stark	unbrauchbar

S Lautstärke

Als Maßstab kann hier ein Lokalsender in ihrer Nähe dienen, der mit großer Signalstärke einfällt. Das entspricht S = 5. Bei S = 1 kann man gerade noch erkennen, daß überhaupt ein Sender da ist und bei S = 2 kann man gerade noch unterscheiden, ob Musik oder

Sprache gesendet wird, ohne brauchbar etwas zu verstehen. Bei S = 3 kann man trotz Störungen oder Schwunderscheinungen noch brauchbar die Sendungen verfolgen. S = 4 bezeichnet ein stark einfallendes Signal, das nur wenig von Störungen beeinträchtigt werden kann.

I Interferenz

Unter dem Begriff Interferenz versteht man alle Störungen, die durch andere Sender oder ähnliche Quellen verursacht werden und den Empfang mehr oder weniger beeinträchtigen. Bei dem Wert I = 5 hört man keinerlei Störsignale, bei I = 1 sind die Störsignale so stark, daß die eigentliche Sendung kaum noch zu hören ist.

N Nebengeräusche

Alle Störungen, die ihren Ursprung in natürlichen Ursachen haben (z.b. atmosphärische Störungen, Gewitter), werden hier erfaßt. Die Beurteilung erfolgt wie bei der Interferenz.

P Ausbreitungsstörungen

Hierunter fallen hauptsächlich Schwunderscheinungen (Fading), d.h. die Signalstärke schwankt unterschiedlich schnell oder tief. Bei P = 5 ist die Signalstärke die ganze Zeit über gleichmäßig. Leichter Schwund, der noch nicht störend wirkt, ist mit P = 4 zu bewerten. Langsamer Schwund bzw. schneller Schwund mit geringer Tiefe wäre mit P = 3 zu bezeichnen. Wird der Empfang durch Schwunderscheinungen stark beeinträchtigt, ist die Stufe P = 2 angebracht. Bei P = 1 wird der Empfang durch sehr starken Schwund völlig unbrauchbar.

O Gesamtbewertung

Die Gesamtbewertung stellt praktisch eine Zusammenfassung der vorangegangenen Kriterien dar, und ist um so schlechter, je schwächer der Empfang ist oder je mehr Störungen und Schwunderscheinungen auftreten. O = 5 ist reine Ortssenderqualität und daher bei

Kurzwellensendungen selten zu erreichen. O = 4 ist ein sehr gutes Kurzwellensignal, daß durch Störungen und Schwund nur unwesentlich beeinträchtigt wird. Bei O = 3 machen sich die Störungen unangenehm bemerkbar, aber man kann noch gut zuhören. Bei einem nicht mehr brauchbaren Empfang, wobei mit Anstrengung noch Teile zu verstehen sind, ist die Stufe O = 2 angebracht. Bei O = 1 kann man gerade noch feststellen, daß ein Signal vorhanden ist. Der Gesamtwert ist in der Regel nicht besser als der schlechteste Einzelwert.

Die komplette Beurteilung der Empfangsqualität einer Sendung könnte beispielsweise so aussehen:

SINPO: 43443

Sinnvoll ist es eventuell, bei erkannten Störungen die Störquelle anzugeben, d.h. einen störenden Sender zu benennen oder näher zu beschreiben.

Die Anwendung des SINPO-Codes läßt sich natürlich akustisch viel besser erklären und anhand von Beispielen aus der Praxis erläutern. Die „SINPO-Cassette" ist über unseren Leserservice zu beziehen. Weitere Hinweise am Ende dieses Buches.

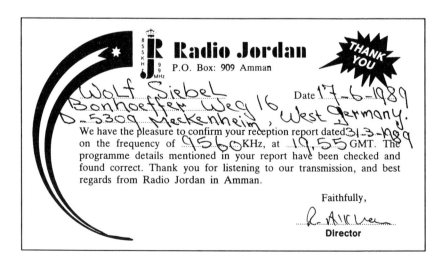

Sendungen in Deutsch aus aller Welt

Nachdem Sie sich bereits ein wenig mit dem Kurzwellenhören vertraut gemacht haben, ist es an der Zeit, Ihnen alle Sender mit deutschsprachigem Programm vorzustellen. Es sind über 40 Rundfunkstationen in aller Welt, davon befinden sich naturgemäß die meisten in Europa. Aber auch aus Amerika kommen deutschsprachige Sendungen auf Kurzwelle, nämlich aus USA, Brasilien, Ekuador und Argentinien. Vom afrikanischen Kontinent sind Sendungen aus Ägypten zu empfangen. Der vordere Orient ist mit Sendern aus der Türkei, Afghanistan, Iran und Syrien vertreten. Und aus dem fernen Osten kommen Sendungen aus beiden Teilen Koreas, Taiwan, China und Japan.

Sie sehen, dieses Buch hat zu Recht den Titel „Weltweit Radio hören". Die Mehrzahl dieser Sender mit deutschsprachigem Programm bietet recht gute Empfangsmöglichkeiten. Einige weitere Sender mit deutschsprachigem Programm haben wir gar nicht erst aufgelistet, weil die Aussichten zu deren Empfang nur sehr schlecht sind.

Wenn Sie Frühaufsteher sind und schon zum Frühstück Ihren Weltempfänger einschalten, können Sie zum Beispiel Sendungen der BBC London, von Radio Vatikan, RÖI Wien, SRI Bern, Radio Sofia und Radio Finnland hören, aber auch Radio HCJB Ekuador kommt gut herein, ebenso Radio Japan (allerdings von einer Relaisstation in Gabun).

Am Vormittag können Sie zum Beispiel Radio Prag oder den Belgischen Rundfunk empfangen, den Evangeliumsrundfunk, natürlich Österreich sowie Radio Moskau, Warschau, Budapest und Bukarest. Nachmittags sind wieder eine ganze Reihe europäischer Rundfunkdienste zu hören.

Richtig interessant wird es auf Kurzwelle am späten Nachmittag und am Abend. Dann haben Sie die größte Auswahl an hörbaren deutschsprachigen Sendungen:

Viele der bereits genannten Rundfunkstationen aus Europa sind auch gegen Abend wieder zu hören. Dazu kann man aber z.b. Radio Belgrad aus Jugoslawien empfangen, ebenso wie Radio Athen oder RAI Rom. Besonders gut zu hören ist Radio France International aus Paris und Radio Schweden.

Darf es auch etwas weiter entfernt und exotischer sein? Dann sollten Sie Radio Ankara, Teheran, Afghanistan oder Damaskus einschalten oder Family Radio aus Florida, Radio Brasilia, Radio Peking oder KBS Seoul hören – womit die Aufzählung noch nicht erschöpft ist. Fast alle in der Liste der Sendezeiten genannten Abendsendungen sind zumindest auf einer Frequenz brauchbar zu hören.

Die nun folgende Vorstellung der einzelnen Sender mit deutschsprachigem Programm stellt den jeweiligen Rundfunkdienst kurz vor, gibt Hinweise zum Programm, nennt die Adresse und enthält die eine oder andere interessante Bemerkung. Die Reihenfolge ist willkürlich.

Zu jedem Sender werden auch weiter hinten die Sendezeiten und Frequenzen für die deutschsprachigen Sendungen genannt. Soweit voraussehbar, geben wir zusätzlich Hinweise auf mögliche Umstellungen (z.B. bei unterschiedlichen Sendezeiten im Sommer- und Winterhalbjahr) und auf Alternativ-Frequenzen. Viele Angaben werden auch nach längerer Zeit noch zutreffen, während andere kurz nach Redaktionsschluß für dieses Buch bereits überholt sein können. Falls Sie an Ihrem neuen Hobby, dem weltweiten Radioempfang, Freude empfinden, können wir Ihnen unser Jahrbuch „Sender & Frequenzen" empfehlen. Mit Hilfe dieses Handbuches und der dreimal jährlich erscheinenden Nachträge sind Sie immer bestens über alle Empfangsmöglichkeiten informiert. Weitere Hinweise zum Jahrbuch „Sender & Frequenzen" finden Sie am Ende dieses Buches.

Radio France Internationale

Aus unserem Nachbarland Frankreich ist jeden Abend ein ausgesprochen interessantes und kurzweiliges Programm in deutscher Sprache zu hören. Diese einstündige Sendung von Radio France Internationale (RFI) ist auf Kurz- und Mittelwelle sehr gut zu empfangen.

Die Redaktion in Paris möchte keine herkömmliche Auslandssendung machen, sondern moderne und lebendige Radiosendungen produzieren. Die Sendungen sind informativ und unterhaltend, mit täglich neuen Schwerpunkten und der nötigen Hintergrundinformation. Abwechslungsreiche Wortbeiträge sind gemischt mit hörenswerten Musikeinlagen französischer Interpreten.

Radio France International vermittelt ein Bild von Frankreich, das dem Hörer die eigene Urteilsbildung ermöglicht. Es macht Spaß, RFI Paris zu hören!

An jedem Wochentag gibt es zunächst das „Aktuelle Pariser Abendjournal" mit Nachrichten, Tagesthemen und Pressestimmen. Dann folgen verschiedene Sendungen, u.a. Kulturnotizen (Mo, Do), Wirtschafts- und Sozialleben (Di), Bücherladen (Di), Themen der Zeit (Mi), Aspekte des französischen Alltags (Do), Szene Paris (Fr) und die Welt der Musik (Fr).

Am Samstag hören Sie das Wochenendmagazin mit Reportagen aus den Regionen, Hinweisen für Touristen, Sportberichten und verschiedenen anderen Beiträgen. Sonntags gibt es den Hörerbriefkasten und ein Quiz, bei dem nette Souvenirs als Gewinn winken. Das Sonntagsprogramm wird mit einem Musikprogramm (Wunschkonzert, französische Hitparade) abgerundet.

Und wer seine Französischkenntnisse verbessern will: Sprachkurse für Anfänger und Fortgeschrittene gehören an verschiedenen Tagen zum Programm.

Falls Sie sich für Sendungen in französischer Sprache interessieren: Der Service Mondial von RFI Paris ist fast rund um die Uhr z.B. im 49-Meterband auf 6175 kHz gut zu empfangen.

Radio France Internationale ist dafür bekannt, recht schnell, d.h. innerhalb von zwei bis drei Wochen auf Briefe und Empfangsberichte zu antworten. Der ausführliche Sendeplan wird gern zugeschickt, Empfangsberichte werden bestätigt.

Adresse: Radio France Internationale, 116, ave. du Pres. Kennedy, F-75786 Paris Cedex 16, Frankreich

Das Team der deutschen Redaktion von RFI Paris im Studio. (Foto: RFI).

35

Belgischer Rundfunk

Deutschsprachige Rundfunksendungen gibt es in Belgien schon seit langer Zeit, aber erst seit ein paar Jahren werden solche Sendungen auch für Hörer in Deutschland ausgestrahlt.

Das Belgische Radio en Televisie (BRT) strahlt einen Auslandsdienst mit zwei deutschsprachigen Sendungen aus, eine am Morgen und eine zweite am frühen Abend. Alle Sendungen beginnen mit den Nachrichten, der Presseschau und der Rubrik „Brüssel heute".

In der Abendsendung gibt es folgende feste Programmpunkte:

Kunst und Kultur (Mo), Sport (Mo), Hauptstadt Brüssel (Di), Jugend (Di), Europa (Mi), Tips für Touristen (Mi), Society (Do), Wirtschaft (Fr), Unsere gute Küche – Rezepte aus der belgischen Küche (Do).

Am Wochenende steht zum Beispiel die Sendereihe „Flandern im Ausland" auf dem Programm und die „Platte der Woche". Auch werden am Wochenende Hörerbriefe beantwortet.

Im Zeichen von Europa sind diese kurzweilig gestalteten Sendungen aus Belgien sicherlich eine interessante Bereicherung im Radiospektrum. Ein Programmheft wird auf Anfrage zugeschickt. Empfangsberichte werden bestätigt.

Adresse: BRT, P.O.Box 26, B-1000 Brüssel, Belgien.

Neuerdings kann man mittags die deutschsprachigen Nachrichten vom BRF Regionalstudio Eupen wieder auf Kurzwelle hören. Ein

Informationsblatt gibt es ebenso wie Empfangsbestätigungen von folgender Adresse:

BRF, Herbesthaler Str. 82, B-4700 Eupen, Belgien.

RTL Radio, Luxembourg

Dieser Werbesender ist ja wohl allseits bekannt, soll aber in dieser Vorstellung ausländischer Sender mit deutschsprachigem Programm nicht vergessen werden. Die Sendungen sind ganztägig im 49-Meterband (6090 kHz) bzw. auf Mittelwelle (1440 kHz) zu hören. RTL Radio bestätigt übrigens auch Empfangsberichte.

Adresse: RTL Radio, Luxembourg

BBC London

Die British Broadcasting Corporation, kurz BBC, ist eine der größten und angesehensten Rundfunkanstalten. Die Auslandsredaktionen senden mehr als hundert Stunden pro Tag in alle Welt, und zwar in englischer und 38 anderen Sprachen. Diese Sendungen kommen zum größten Teil aus den 52 Studios im Bush House, dem Hauptsitz der BBC-Auslandsredaktionen in London.

Die Programmgestaltung zielt darauf ab, objektive Nachrichten und eine unvoreingenommene Berichterstattung über Ereignisse in aller Welt zu vermitteln sowie einen umfassenden Einblick in das Leben und die Gedankenwelt Großbritanniens zu gewähren.

Schon Frühaufsteher können morgens ein 60-Minuten-Programm der BBC hören. Nach den Nachrichten und der Presseschau folgt das Morgenmagazin aus London mit Hintergrundberichten zum

Weltgeschehen. Außerdem werden verschiedene Sendereihen angeboten: Bookshop – das Büchermagazin (Di), Wissenschaft und Forschung (Sa), Eurojournal (Mi). Zum Abschluß gibt es noch Tips für Touristen und Kurznachrichten.

Neu ist die viertelstündige Mittagssendung mit Weltnachrichten und dem Mittagsmagazin aus London.

Die halbstündige Sendung am Nachmittag beginnt mit den Nachrichten, gefolgt von der Zeitfunksendung „Heute Aktuell", mit der Sie die Finger am Puls des Weltgeschehens haben: Ein weltweites Netz von Korrespondenten und Experten informiert über Ereignisse und Zusammenhänge. Samstags kommt stattdessen der Weltspiegel und sonntags ein aktuelles Feature.

Das eigentliche Hauptprogramm am Abend dauert 90 Minuten und bietet eine große Palette interessanter Programmpunkte. Nach der Zeitfunksendung „Heute Aktuell" folgt das Magazin „Kaleidoskop" mit Antworten auf Fragen, wie zum Beispiel: Was gibt es Neues im kulturellen und sozialen Leben in Großbritannien und Westeuropa? Wie sieht man in Großbritannien die Situation auf der anderen Seite des Ärmelkanals? Wer sorgt in Großbritannien für Schlagzeilen?

Mitten im abendlichen Hauptprogramm sind jeweils fünf Minuten reserviert für die Tips für Touristen. Dann folgen verschiedene Sendereihen: Bookshop – das Büchermagazin (Mo), Eurojournal (Di), Thema der Woche (Mi), Sendung für DXer (Mi), London Heartbeat – Pop und Rock aus London (Do), Wissenschaft und Forschung (Fr), Aktuelles Feature (Sa), Centrepoint London und das Sonntagsfeature (So).

Die BBC bietet eine breite Auswahl von Sprachunterrichtssendungen unter dem Motto „English by Radio". Aktuelle Informationen über die laufenden Sprachlehrgänge können kostenlos angefordert werden.

Und wo wir gerade beim Thema Englisch sind: Der englischsprachige World Service der BBC ist rund um die Uhr auf verschiedenen Frequenzen (z.B. im 49-, 41- und 31-m-Band) sehr gut zu hören.

Auf Anfrage verschickt die BBC einen Sende- und Programmplan sowie ggf. weitere Informationen, z.B. über „English by Radio" oder über den World Service. Empfangsberichte werden mit einer QSL-Karte bestätigt.

Adresse: BBC, Bush House, London, WC2B 4PH, Großbritannien
oder: BBC-Büro, Savignyplatz 6, 1000 Berlin 12

Blick in eines der Londoner Studios. (Foto: BBC)

Radio Finnland

Seit 1987 gibt es täglich deutschsprachige Sendungen aus Finnland, die unter den Kurzwellenfreunden schnell Beliebtheit erlangt haben. Das junge Redaktionsteam in Helsinki stellt ein abwechslungsreiches Programm auf die Beine. Die Hörer bekommen einen guten Einblick in das finnische Leben und Geschehen.

Dreimal am Tag ist der Sender mit einem halbstündigen Programm zu hören, zusätzlich wird am Morgen eine 15-minütige Sendung ausgestrahlt. Starke Sender sichern einen guten Empfang in Europa. Interessant ist dabei, daß Radio Finnland auch Langwellenfrequenzen benutzt – eine seltene Erscheinung im Auslandsrundfunk.

Das Programm wird eingeleitet mit dem Bericht aus Helsinki, Nachrichten und dem Kommentar. Dann folgt zum Beispiel die Wirtschaftsrundschau (Mo), Hörerpost (Mo+Sa), Bericht aus Helsinki (Di bis Sa), Herkunft Nord (Mo+Di), das Finnland-Magazin mit Hörerwünschen, Interviews und Musik (Mi), Freizeit & Sport (Di+Mi), Kulturspiegel (Mi+Do), Finnland von A bis Z mit Tips für Touristen (Fr+Sa+So). Sonntags hören Sie auch die Sendung „Forum" – Gespräche zum aktuellen Zeitgeschehen.

Wer's mag, kann sich beim Zähneputzen oder Frühstück die Frühsendung aus Helsinki anhören mit Nachrichten, Berichten und der Presseschau. Neu ist übrigens ein Finnisch-Sprachkurs für Anfänger, der ebenfalls auf dem Programm steht (Sa).

Empfangsberichte werden leider nicht bestätigt. Auf Wunsch erhält man aber ein Programmheft.

Adresse: Radio Finnland,
Box 10,
SF-00241 Helsinki,
Finnland

Radio Schweden

Sehr beliebt ist das deutschsprachige Programm von Radio Schweden, das durch seine abwechslungsreiche und kurzweilige Art viele Hörer gewonnen hat.

Aus Stockholm ist täglich eine einstündige Abendsendung gut zu hören. Am Wochenende, also samstags und sonntags, strahlt Radio Schweden zusätzlich eine einstündige Mittagssendung aus.

Im Laufe des Jahres 1992 soll die tägliche Sendung auf zwei Stunden Länge erweitert werden. Das einstündige Programm „Schwedenwelle" ist ein Live-Magazin mit Weltnachrichten, Beiträgen aus Nordeuropa, Studiogästen, Reportagen, Interviews, Direkt-Hörerkontakten und Musik aus dem hohen Norden. Am Samstag wird der „Spiegel der Woche" ausgestrahlt, ein Rückblick auf das aktuelle Wochengeschehen in Nordeuropa.

Und am Sonntag kommt die Hörerbriefsendung „Hallo Schweden" bzw. die Hörerhitparade.

Um Aktualität und hautnahen Kontakt mit dem Hörer bemüht, bietet Radio Schweden jetzt auch einen Telefonservice „Radio Schweden

Hotline". Rufen Sie doch ruhig einmal an! Die Telefonnummer ist 00 46-8-7 84 72 62.

Der Programmplan wird auf Wunsch regelmäßig zugeschickt. Empfangsberichte werden mit einer QSL-Karte bestätigt. Zuschriften beantwortet Radio Schweden übrigens sehr schnell.

Adresse: Radio Schweden, S-10510 Stockholm, Schweden

Schweizer Radio International

In aller Welt genießen die Rundfunksender von Schweizer Radio International ein hohes Ansehen. SRI Bern ist im 49-Meterband auf 6165 kHz sowie auf 3985 kHz und 9535 kHz fast durchgehend mit Sendungen in allen wichtigen Sprachen (Englisch, Französisch, Italienisch, Spanisch,...) gut zu empfangen.

In deutscher Sprache ist Schweizer Radio International morgens und mittags mit je einer halbstündigen Sendung zu hören. Zusätzlich wird abends eine rund zweistündige Übernahme aus dem Inlandsprogramm von Radio DRS ausgestrahlt. Alle Sendungen werden traditionell mit schweizerischer Volksmusik eingeleitet.

Schweizer Radio International (SRI) bietet seiner Hörerschaft von Montag bis Freitag ein Informationsprogramm mit aktueller Berichterstattung zum schweizerischen und internationalen Geschehen: Nachrichten, Interviews, Reportagen, Kommentare, Presseschauen. Abends folgt dann das Abendjournal. Samstags und sonntags stehen Kultur- und Unterhaltungssendungen auf dem Programm. SRI möchte Ihnen das politische, wirtschaftliche, kulturelle und sportliche Geschehen in der Schweiz, aber auch in aller Welt näherbringen.

Und Geldanleger, die irgendwo in der Sonne liegen und wissen möchten, wie daheim die Aktien stehen, können zusätzlich täglich die Börsenkurse von SRI erfahren.

Wer regelmäßig über die Sendungen von Schweizer Radio International informiert werden möchte, erhält auf Wunsch regelmäßig ein Programmheft zugeschickt. Empfangsberichte werden bestätigt.

Adresse: Schweizer Radio International, CH-3000 Bern 15, Schweiz

Schweizer Radio International

SWITZERLAND CALLING – HIER DIE SCHWEIZ

Eine QSL-Karte von Radio Schweiz International

Radio Österreich International

Österreichs
uslandsdienst
auf Kurzwelle

ustria calling
on short wave

utriche
ondes courtes

ustria en
onda corta

Der Auslandsdienst des Österreichischen Rundfunks strahlt ein umfangreiches Programm in deutscher Sprache aus.

Im 49-Meterband auf 6155 kHz (abends: 5945 kHz) ist RÖI fast den ganzen Tag über gut zu empfangen, aber natürlich auch auf einigen anderen Frequenzen.

Das Österreich-Journal mit Nachrichten, Presseschau und Beiträgen über das aktuelle Geschehen in Politik, Wirtschaft, Kultur und Sport wird mehrfach täglich gesendet.

Hier eine Auswahl interessanter Sendungen im Mittagsprogramm:
Made in Austria (Mo), Literatur aus Österreich (Di+Do), Blasmusik einst und jetzt (Di), Städte- und Landschaftsportraits (Mi), Kulturspiegel (Do), Zu Gast in Österreich – mit Tips für den Urlaub (Sa).

Und eine Auswahl aus dem Abendprogramm:
Made in Austria (Mo), Wunschkonzert (Mo), Blasmusik einst und jetzt (Di), Politische Perspektiven (Mi), Austro-Pop-Parade (Mi), Wirtschaftsmagazin Soll + Haben (Do), Musikland Österreich (Do), Plattenteller (Fr), Zu Gast in Österreich – mit Tips für den Urlaub (Sa), Wochenmagazin (So), Hörerbriefkasten (So).

Für Kurzwellenhörer und DXer bringt RÖI Wien am Wochenende zwei gute Sendungen, nämlich das Kurzwellen-Panorama und das DX-Telegramm.

Auf Wunsch erhält man vom RÖI Wien einen ausführlichen Programm- und Sendeplan. Empfangsberichte werden bestätigt.

Adresse: Radio Österreich International
           A-1136 Wien, Österreich

RAI Rom

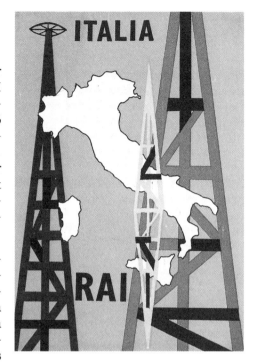

Zweimal täglich sendet der Italienische Rundfunk RAI kurz in deutscher Sprache, nachmittags für 15 Minuten und dann am frühen Abend für 35 Minuten. Das Programm gibt leider nicht viel her, es besteht hauptsächlich aus Nachrichten und Unterhaltungsmusik.

Montags wird die Touristensendung „Auf Wiedersehen, Italien" ausgestrahlt und wer Italienisch lernen möchte, kann dienstags und donnerstags einen Sprachkursus hören.

Sicherlich wäre es nützlich, sich mehr und besser um das deutsche Publikum zu kümmern. Schließlich haben wir eine ausgeprägte Vorliebe für Italien und ein interessantes Programm würde bestimmt viele Hörer finden. Schreiben Sie doch mal nach Rom – vielleicht hilft's!

An interessierte Hörer schickt Radio Rom regelmäßig eine Programmzeitschrift mit Sendeplan. Empfangsberichte werden bestätigt.

Adresse: Radiotelevisione Italiana,
          Viale Mazzini 14,
          I-00195 Roma, Italien

Radio Vatikan

Der Vatikan unterhält einen eigenen Rundfunkdienst, der auch mehrmals täglich Sendungen in deutscher Sprache ausstrahlt. Berichte aus Rom vom Geschehen am Heiligen Stuhl und der Weltkirche sowie katholische Nachrichten und theologische Sendungen beherrschen das Programm. Am Sonntag werden Hörerbriefe beantwortet.

Auf Anfrage sind weitere Informationen erhältlich. Empfangsberichte werden bestätigt.

Adresse: Radio Vatikan, I-00120 Citta del Vaticano, Vatikan

AWR – Die Stimme der Hoffnung

Die Stimme der Hoffnung ist der deutsche Ableger der internationalen Radiomission Adventist World Radio (AWR). In deutscher Sprache werden tagsüber zwei Sendungen über Anlagen der Station Forli/Italien und morgens eine Sendung über Sines/Portugal ausgestrahlt.

Adressen: Stimme der Hoffnung,
Am Elfengrund 66, D-6100 Darmstadt 13

bzw.   AWR Italia, P.O.Box 383, I-47100 Forli, Italien.
und   AWR Portugal, C.P. 2590, P-1114 Lisboa, Portugal.

Evangeliums-Rundfunk (ERF/TWR)

Vielen Rundfunkhörern werden die Sendungen des Evangeliums-Rundfunk (ERF) nicht unbekannt sein. Schon vor mehr als zwanzig Jahren wurde der Evangeliums-Rundfunk in Wetzlar gegründet, um das Evangelium über den Rundfunk zu verbreiten. Unter der internationalen Dachorganisation Trans World Radio (TWR) wird heute eine weltweite Senderkette betrieben. Die deutschen Programme werden von den TWR-Sendeanlagen in Monte Carlo ausgestrahlt.

Ein Programmheft und weitere Informationen werden auf Anfrage gern an interessierte Hörer verschickt.

Adresse: Evangeliums-Rundfunk, Postfach 1444, 6330 Wetzlar

IBRA Radio

Über die Sendeanlagen von Radio Mediterranean auf Malta strahlen verschiedene Missionsgesellschaften ihre Sendungen aus, allabendlich auch eine Viertelstunde in Deutsch. Die Adressen der jeweiligen Missionsgesellschaften erfahren Sie aus den Sendungen. Die Zentraladresse lautet:

IBRA Radio, S-10536 Stockholm, Schweden

Radio Prag International

„... Hier meldet sich Radio Prag mit seiner Sendung in deutscher Sprache ..." – So beginnen traditionell die Sendungen von Radio Prag International. Nachdem sich der tschechoslowakische Rundfunk gründlich reformiert hat, ist Radio Prag jetzt täglich mit vier Sendungen in Deutsch zu hören, dreimal eine halbe und einmal eine ganze Stunde. Der Empfang auf Mittel- und Kurzwelle ist immer recht gut. Radio Prag möchte vor allem über das Leben in der CSFR informieren – über aktuelle Ereignisse, Wirtschaft, Kultur und das Leben in der Mitte Europas, in der sich die Tschechoslowakei jetzt sieht. Zur Einstimmung ertönt jetzt wieder die „Sinfonie aus der neuen Welt" von Dvorák.

Einige interessante Programmpunkte: Kulturspiegel – Kunst, Kultur und Geschichte (Mo), In der Postmappe geblättert (Do), Neues aus Wirtschaft, Wissenschaft und Technik (Di, Mi), Jugendmagazin (Di, Do), Sozialmagazin (Mi), Spaziergang durch Prag/Touristensprechstunde (Sa, So). Und natürlich fehlen auch die Hobbysendungen für Philatelisten (Do, Fr) und für Kurzwellenhörer (Sa) nicht im Programm. Außerdem sendet Radio Prag vormittags das Interprogramm. In dieser mehrsprachigen Sendung (Deutsch, Französisch, Englisch) sind Nachrichten, Kommentare zu aktuellen Themen, Gespräche mit bedeutenden Persönlichkeiten, Informationen über das sportliche und kulturelle Geschehen und auch über interessante Ferienorte in der CSFR zu hören. Außerdem erklingt viel Musik. (Deutsch jeweils zur vollen Stunde.)

Auch Radio Prag verschickt auf Anfrage ausführliche Programminformationen und den Sendeplan. Zuschriften sind stets willkommen und werden rasch beantwortet. Empfangsberichte werden mit einer QSL-Karte bestätigt, die typische Motive aus der Tschechoslowakei zeigen.

Adresse: Radio Prag International, Sendungen in deutscher Sprache, Vinohradská 12, CS-12099 Prag 2, Tschechoslowakei

Radio Polonia Warschau

Der Auslandsdienst des polnischen Rundfunks, früher Radio Warschau, jetzt Radio Polonia genannt, strahlt insgesamt sieben deutschsprachige Sendungen aus, die über den ganzen Tag verteilt sind. Die Redaktion ist sehr um die deutschen Hörer bemüht und gestaltet ein ansprechendes Programm.

Für uns Deutsche ist es besonders wertvoll, Informationen über die polnischen Ansichten zur politischen Entwicklung und über die Probleme des Landes direkt von der Quelle zu erfahren.

Hier einige interessante Sendungen aus dem Programmplan: Montag: Musikleben in Polen, Jugendprobleme und Sport. Dienstag: Antworten auf Hörerfragen, Kulturchronik. Mittwoch: Sozialpolitische Probleme, Leben in Polen, Kreuz und quer durch Polen. Donnerstag: Wirtschaftsfragen, Kulturmagazin, Soziale Probleme. Freitag: Pulsschlag des Landes – Wirtschaftsfragen, Probleme der Zeit. Freitag: Pulsschlag des Landes (Regionalberichte), Kulturpanorama. Samstag: Warschauer Feuilleton, Hörerforum. Sonntag: Themen der Woche, Weltpolitische Wochenübersicht, Radio Polonia Hörerklub. In der täglichen Spätsendung ist ein buntes Abendmagazin zu hören (samstags mit Pop, Rock und Jazz aus Polen).

Die Redaktion der Sendungen in deutscher Sprache ist sehr an Hörerzuschriften interessiert und antwortet ziemlich schnell. Regelmäßige Hörer können im Hörerklub Mitglied werden und verschiedene Hörerdiplome erwerben. Empfangsberichte werden bestätigt. Den kompletten Sendeplan kann man sich schicken lassen.

Adresse: Radio Polonia, P.O.Box 46, PL-00-950 Warschau, Polen

Radio Moskau

Der Moskauer Rundfunk, der seit über 50 Jahren deutschsprachige Sendungen ausstrahlt, liegt heute mit sieben Sendestunden pro Tag vom Umfang her an der Spitze der deutschsprachigen Auslandssendungen und ist auf verschiedenen Frequenzen im Kurzwellen- und Mittelwellenbereich kaum zu überhören.

Erfreulicherweise sind Perestroika und Glasnost bei Radio Moskau nicht nur Schlagwörter geblieben. Die Sendungen wurden ansprechender, offener und selbstkritischer – kurzum hörenswerter. Das Programm ist vielfältig. Einige Stichworte:

„Politik aktuell": Das Informationsprogramm nach den Nachrichten macht die Hörer mit dem sowjetischen Standpunkt zu verschiedenen Ereignissen in der Welt, Problemen des internationalen Lebens und Wegen zu ihrer Lösung bekannt.
„Glasnost-Lexikon": Sowjetischer Alltag in Stichworten und Erläuterungen. „Perestroika": Probleme und Lösungen.
„Streiflichter aus der Sowjetunion": Berichte über das Leben in der UdSSR, über Geschichte, Bräuche und Sitten der Völker der Sowjetunion, ihre Tradition, Kultur und sozialwirtschaftliche Entwicklung. Außerdem finden sich hier Berichte aus Wirtschaft, Wissenschaft und Technik wieder.
„Klub der Funkwanderungen durch die UdSSR": Der Titel dieser Sendung hört sich etwas umständlich an, aber tatsächlich geht's hier um die touristische Seite der Sowjetunion, um Land und Leute und natürlich um Sehenswürdigkeiten.
Mit dem Sprachlehrgang „Russisch im Funk" bietet Radio Moskau die Möglichkeit, die russische Sprache zu erlernen bzw. zu vertiefen. Lehrmaterial wird kostenlos zur Verfügung gestellt.

Hörerbriefe sind bei der Redaktion für deutschsprachige Sendungen willkommen und man bemüht sich dort um eine rasche und persönliche Antwort. Programmheft, Sendeplan, QSL-Karte und andere Informationen sind auf Anfrage erhältlich.

Adresse: Radio Moskau, Moskau, UdSSR
oder: Radio Moskau, Postfach 200 527, 5300 Bonn 2

Radio Kiew

Drei einstündige Sendungen in deutscher Sprache gibt es auch aus Kiew, der Hauptstadt der Ukraine. Leider macht es immer wieder Mühe, den häufig wechselnden Frequenzen auf die Spur zu kommen.

Das Programm beinhaltet hauptsächlich Meldungen, Kommentare, Reportagen und Interviews aus dem Leben in der Ukraine. Auf Hörerbriefe wird innerhalb des Wunschkonzertes und in der Briefkastensendung (sonntags) eingegangen.

Empfangsberichte werden mit einer QSL-Karte bestätigt. Auf Anfrage bekommt man einen Sende- und Programmplan.

Adresse: Radio Kiew, 252 001 Kiew, Ukraine, UdSSR

Radio Riga

Die Baltenrepublik Lettland ist wochentags mit einer ganz kurzen deutschsprachigen Nachrichtensendung innerhalb des englischsprachigen Programms gut zu hören. Hörerbriefe werden schnell beantwortet.

Adresse: Latvijas Radio, P.O.Box 266, Riga, Lettland

Radio Budapest

Richtig liebenswert sind die deutschsprachigen Rundfunksendungen aus Budapest. Dank des interessant und kurzweilig gestalteten Programmes hat der Sender immer schon viele Stammhörer gehabt. Und auch schon vor dem großen Wandel im Ostblock waren von Radio Budapest recht objektive und selbstkritische Stimmen zu hören.

Täglich sind zwei halbstündige Sendungen zu empfangen, die mit den Nachrichten und einem politischen Kommentar oder aktuellen Beitrag beginnen. Dann folgen verschiedene Sendereihen:

Sport am Montag (Mo), Reiseland Ungarn (Mo), Popmusik aus Budapest/Musikalische Landschaftsbilder (Di), Wirtschaftsthemen (Do), Kulturspiegel (Fr), Literatur/Bücher aus Ungarn (Sa).

Am Samstagabend gibt es die Sendung „Guten Abend aus Budapest" mit dem Hörerbriefkasten, Musikwünschen und einem kleinen Ratespiel sowie die kulturelle Wochenschau.

```
RADIO BUDAPEST
UNGARN              den 23. III. 88

VEREHRTER HÖRER!
Herzlichen Dank für Ihren Empfangsbericht über unsere
Sendung vom 28. II. 1988 17.30 Uhr.
Gern kommen wir Ihrer Bitte nach, Ihre Meldung
zu bestätigen. Sie hörten RADIO BUDAPEST auf der
Wellenlänge 30,50 Meter, das sind 9835
Kilohertz.
Es würde uns sehr freuen, auch Ihre Wünsche und
Meinungen zu unserer Sendung zu erfahren. Bitte schreiben
Sie uns!
                Mit herzlichen Grüssen
                  RADIO BUDAPEST
              Sendungen in deutscher Sprache


Herrn

Wolf Siebel

Bonhoeffer Weg 16

D- 5309 Meckenheim

BRD
```

Sonntags ist Radio Budapest mit zwei einstündigen Sendungen zu hören: Seit vielen Jahren beliebt ist die Sendung „Gruß und Kuß", die neuerdings am Sonntagmittag ausgestrahlt wird. Wer Freunde und Verwandte grüßen lassen möchte, kann einen Grußwunschzettel anfordern. Grußabsender und Grußempfänger werden rechtzeitig schriftlich über den Sendetermin informiert. Und am Sonntagabend kommt „Guten Abend aus Budapest" und das „Sonntagsmagazin".

Auch Radio Budapest beantwortet Hörerbriefe innerhalb weniger Wochen. Programm- und Sendeplan stehen jederzeit zur Verfügung. Empfangsberichte werden umgehend mit QSL-Karten bestätigt.

Adresse: Radio Budapest, Sendungen in deutscher Sprache, Bròdy Sàndor 5–7, H-1800 Budapest, Ungarn

Radio Sofia

Wer es mag, kann sich „Guten Morgen aus Sofia" wünschen lassen, denn so heißt die Sendung für Frühaufsteher, die der Bulgarische Rundfunk in der Frühe ausstrahlt. Wer lieber abends auf KW-Empfang geht, kann wählen zwischen zwei deutschsprachigen Abendsendungen. Einige Programmtips:

Sportwochenschau (Mo), Bulgarische Volksmusik (Mo+Di), Reporter unterwegs (Mi), Jugendfunk (Mo+Mi+Do), Bulgarische Geschichte (Mi), Kulturspiegel (Fr), Mensch und Natur (Sa), Reiseland Bulgarien (So), Hörerclub für verschiedene Steckenpferde (So).

Für die Bestätigung von Empfangsberichten steht eine ganze Serie von QSL-Karten zur Verfügung. Zuschriften werden relativ schnell beantwortet.

Adresse: Radio Sofia, Deutsche Redaktion, Bul. Dragan Tsankov 4, 1421 Sofia 24, Bulgarien

Radio Jugoslawien

Während diese Zeilen geschrieben werden, herrscht in Jugoslawien Krieg und der Vielvölkerstaat fällt auseinander. Deutschsprachige Rundfunksendungen auf Kurzwelle sind seit je her aus Belgrad zu hören. Doch wer sich von allen Seiten über die Lage in Jugoslawien informieren möchte, ist mit diesen Sendungen nur unzureichend bedient. Zudem sind die Sendungen von Radio Jugoslawien farblos und unter deutschen Hörern wenig beliebt.

Aus den Studios in Beograd sind täglich zwei Sendungen zu hören. Neben Nachrichten und aktuellen Beiträgen gibt es folgende Programmpunkte: Montag: Jugoslawien-Journal (Berichte über Land und Leute), Sport vom Wochenende, Kulturspiegel. Dienstag: Wirtschaftsberichte, Reiseland Jugoslawien. Mittwoch: Aus dem kulturellen Leben, Wirtschaft. Donnerstag: Reiseland Jugoslawien, Sehenswürdigkeiten und Schönheiten des Landes, Kulturereignisse. Freitag: Bedeutende Ereignisse in der Welt. Samstag/Sonntag: Jugendsendung/Popflash, Hörerbriefe, Jugoslawien in der Weltwirtschaft, Sonntagsmagazin.

Empfangsberichte werden nur gelegentlich bestätigt. Auf Anfrage erhält man von Radio Beograd einen Sendeplan.

Adresse: Radio Jugoslawien, 2 Hildendarska, P.O.Box 200,
           YU-11000 Beograd, Jugoslawien

Kroatien und Slowenien

Aus Slowenien und Kroatien sind bislang nur Inlandsprogramme in schlechter Qualität hauptsächlich auf Mittelwelle zu hören. Die weitere Entwicklung, auch im Rundfunkbereich, wird man abwarten müssen. Für alle Fälle hier schon einmal die Adressen:

Radio Zagreb, Radnicka c. 22, Zagreb, Kroatien.
Radio Slowenien, Tavcarjeva 17, Ljubljana, Slowenien.

Radio Rumänien International

Nach dem Sturz des Diktators Ceaucescu hatte es dem rumänischen Auslandsrundfunk zunächst die Sprache verschlagen. Dann wurden zwar auch die deutschsprachigen Sendungen wieder aufgenommen, doch von einem radikalen Wandel in Bezug auf Programmgestaltung und Inhalt ist (noch?) nichts zu hören. Vielleicht helfen ja die journalistisch besser geschulten Kollegen aus den osteuropäischen Nachbarländern den Rumänen bei dem Neuaufbau des Rundfunks – es wäre wünschenswert.

Radio Bukarest, das sich jetzt auch Radio Rumänien International nennt, strahlt täglich drei Sendungen in deutscher Sprache aus, die zunächst mit den Nachrichten, Kommentaren und einer Presseschau beginnen. Einige weitere interessante Programmteile: Jugendclub, Geschichte (Mo), Gegenwart und Zukunft (Di), Kulturspiegel (Do), Kreuz und quer durch Rumänien/Menschen und Orte (Fr), Hörerbriefkasten (Sa), Sonntagsmagazin (So).

Es ist bestimmt sinnvoll, Radio Bukarest zu demonstrieren, daß von unserer Seite Interesse an den Sendungen besteht. Hörerbriefe mit Anregungen zum Programm sind da der richtige Weg. Wir nehmen an, daß auch weiterhin Empfangsberichte mit einer QSL-Karte bestätigt werden.

Adresse: Radio Rumänien International
Postfach 1-111, R-70749 Bukarest,
Rumänien

Stimme Griechenlands

Seit einigen Jahren strahlt Radio Athen, die Stimme Griechenlands, auch eine Sendung in deutscher Sprache aus – leider nur zehn Minuten innerhalb einer mehrsprachigen Europasendung. In diesen zehn Minuten werden Nachrichten aus Griechenland gebracht.

Unsere ursprüngliche Hoffnung, daß Radio Athen ein vollwertiges Programm in deutscher Sprache einführen wird, scheint sich wohl nicht zu erfüllen. Wahrscheinlich liegt es, wie so oft, am knappen Budget. Nach wie vor wäre aber zum Beispiel eine halbstündige

ΕΛΛΗΝΙΚΗ ΡΑΔΙΟΦΩΝΙΑ ΤΗΛΕΟΡΑΣΗ
ELLINIKI RADIOPHONIA TILEORASSI
GREEK RADIO - TELEVISION

Η ΦΩΝΗ ΤΗΣ ΕΛΛΑΔΑΣ
THE VOICE OF GREECE

ΚΝΩΣΣΟΣ / KNOSSOS
General view

Sendung zu wünschen, damit wir mehr von unserem südöstlichen EG-Partner erfahren könnten. Und auch die vielen Griechenland-Urlauber würden sich bestimmt freuen.

Schreiben Sie doch einmal nach Athen! Zuschriften werden relativ rasch beantwortet und für Empfangsberichte gibt es auch eine QSL-Karte.

Adresse: Radio Athen, P.O.Box 19, Aghia Paraskevi, Athen, Griechenland

REE Madrid

Im Sommer 1990 war die Freude unter den deutschen Hörern groß, als die erste deutschsprachige Sendung von Radio Exterior de España (REE) aus Madrid zu hören war. Die halbstündige Sendung ist recht gut zu empfangen und das Programm ist flott gestaltet und hörenswert. Leider kommt die abendliche deutschsprachige Sendung nur wochentags.

Jede Sendung beginnt mit den Nachrichten, der Presseschau und Sportmeldungen. Tips und Hinweise für Urlauber gibt es montags in der Sendereihe „Zu Besuch in Spanien". Über Produkte und Aktivitäten der spanischen Wirtschaft erfährt der Hörer in der Sendung am Dienstag. Mittwochs hören Sie Berichte unter dem Motto „Spanien und die Welt". Donnerstags bringt das Kulturjournal Beiträge über das kulturelle Leben in Spanien. Und am Freitag wird ein

aktuelles Thema der Woche behandelt. Den Programm- und Sendeplan kann man sich schicken lassen. Empfangsberichte und Briefe werden rasch beantwortet.

Adresse: Radio Exterior de España, P.O.Box 156.202, E-28080 Madrid, Spanien.

Radio Tirana

Über Albanien erfährt man sehr wenig in unseren Medien – wohl auch deswegen, weil das Land bisher ziemlich „zugeknöpft" war. Das gilt allerdings nicht für den Auslandsrundfunkdienst aus Tirana, dessen deutschsprachige Sendungen schon immer mehrmals täglich gut zu hören waren. Lange Zeit prägte das Prädikat „abschreckend" die Sendungen aus Tirana, doch jetzt ist festzustellen, daß das Programm von Radio Tirana ansprechender geworden ist. Als letztes osteuropäisches Land hat man die Sendungen über den beglückenden Marxismus-Leninismus und Sozialismus aus dem Programm geworfen und präsentiert sich jetzt, dem Wandel der Zeit entsprechend, mit einem ganz neuen Programmkonzept.

Es gibt jetzt durchaus interessante Sendungen über das Land selbst, über die Menschen und deren Leben, über Kultur und Landschaften. Einige Programmtips: Volksmusik und Sportreport (Mo), Albanische Traditionen – Sitten und Gebräuche des Landes (Mi), Antworten auf Hörerfragen (Di, Fr), Musik nach Wunsch, Kunst und Kultur (Sa), Sonntagsmosaik, Zu Gast in Albanien (So). Und wer den Wunsch verspürt, die albanische Sprache zu lernen, kann einen Sprachkurs hören (Sa) und dazu Begleitmaterial von Radio Tirana anfordern.

Nachdem jahrelang nur selten Hörerbriefe beantwortet wurden, bekommt man jetzt schnell und ausführlich Antwort aus Tirana.

Adresse: Radio Tirana, Rue Ismail Quemal, Tirana, Albanien

Radio Ankara

Die Türkei ist in den letzten Jahren als Reiseziel populär geworden. Von diesem gesteigerten Interesse profitiert sicherlich auch der türkische Auslandsrundfunkdienst. Radio Ankara strahlt jeden Abend zwei Sendungen aus, die beide recht gut zu empfangen sind.

Das Programm von Radio Ankara ist unterhaltsam und bringt besonders für Hörer, die sich für Land und Leute interessieren, schöne Sendungen.

Das Programmschema:

Nach den Nachrichten, der Presseschau und Hintergrundberichten folgen montags Berichte über Anatolien und türkische Kunst. Dienstags steht Atatürk im Mittelpunkt. Leserbriefe werden in der Briefkastensendung am Mittwoch beantwortet. Donnerstags befaßt sich Radio Ankara mit dem türkischen Theater und den türkisch-griechischen Beziehungen. Wer sich für Kunst und Kultur interessiert, sollte freitags den Sendungen lauschen. Am Samstag hören Sie zunächst die Sendung „Panorama" mit allerlei interessanten Beiträgen und dann das Musik-Magazin. Sonntags können Sie erfahren, wie es in der Türkei vor der Jahrhundertwende aussah; außerdem sind „Grüße aus der Türkei" zu hören.

Ein ausführliches Programmheft wird zweimal jährlich herausgeben. Für Empfangsberichte gibt es nette QSL-Karten und gelegentlich einen Wimpel.

Adresse: TRT Radio Ankara, P.O.Box 333, Yenisehir,
            06-443 Ankara, Türkei

Radio Afghanistan

Auch nach dem Abzug der sowjetischen Truppen unterstützt die UdSSR den afghanischen Rundfunk noch mit Sendekapazitäten für die Auslandsprogramme. Die abendliche deutschsprachige Sendung aus Kabul (die auch über Sender in der UdSSR ausgestrahlt wird) ist mäßig gut zu hören. Das Programm ist allerdings recht trist und besteht nur aus Nachrichten, einem Kommentar und afghanischer Musik. Donnerstags werden Leserbriefe beantwortet. Ob zur Zeit Empfangsberichte bestätigt werden, ist unklar.

Adresse: Radio Afghanistan,
P.O.Box 544, Kabul, Afghanistan

Radio Teheran

In den vergangenen Jahren boten die Ereignisse im Nahen und Mittleren Osten immer wieder genug Gründe, um gelegentlich bei Radio Teheran hereinzuhören. Die „Stimme der Islamischen Republik Iran", wie sich der Sender jetzt nennt, ist mit seiner deutschsprachigen Sendung abends recht gut zu empfangen.

Das Programm ist sicherlich nicht unbedingt nach jedermanns Geschmack, aber die Hörer erfahren mehr über den Islam und über die Politik und Standpunkte des Irans, z.B. in der Sendung „Blüten der Freiheit" (Di). Einen Kulturspiegel gibt es jeden Sonntag und der Freitag steht unter dem Motto „Wir und unsere Hörer".

Empfangsberichte und Briefe werden beantwortet.

Adresse: Islamic Rep. of Iran Broadcasting (IRIB),
P.O.Box 3333, Teheran, Iran

Radio Damaskus

Seit einigen Jahren strahlt auch Radio Damaskus wieder verschiedene Auslandssendungen aus, u.a. ein Programm in deutscher Sprache. Die Sendungen sind dank neuer, starker Sendeanlagen recht gut hörbar.

Nach den Nachrichten, einem Kommentar und dem Blick in die Zeitung folgt zunächst einmal arabische Musik. Dann folgen Sendungen, die sich vorwiegend mit der Situation im Nahen Osten und mit arabischen Angelegenheiten befassen. Einige interessante Programmpunkte: Montag: Araber – Kultur und Geschichte, Begegnung mit Syrien. Dienstag: Europa in der arabischen Presse. Mittwoch: Hörerbriefkasten. Donnerstag: Das moderne Syrien, Wochenspiegel. Freitag: Reiseland Syrien. Samstag: Arabisch-Sprachkurs. Samstag/Sonntag: Querschnitt – Magazin der Woche.

Empfangsberichte werden neuerdings wieder recht zuverlässig beantwortet; erfahrungsgemäß lohnt es sich, Briefe per „Einschreiben" zu schicken.

Adresse: Radio Damaskus, External Service,
           Place des Ommayades, Damaskus, Syrien

Radio Kairo

Das Geschehen und die Entwicklung im Nahen Osten und in den arabischen Ländern steht immer mehr im Blickpunkt der Weltöffentlichkeit.

Eine geschätzte Informationsquelle aus diesem Raum ist Radio Kairo, dessen deutschsprachige Sendungen schon lange Tradition haben und gut empfangen werden können, wenn nicht gerade einmal wieder technische Sender-Defekte den Empfang vergraulen.

Die Programmgestaltung ist recht attraktiv. Zahlreiche interessante Wortbeiträge werden untermalt von ägyptischen Liedern und Melodien sowie orientalischer Musik.

Das Programmschema:

Montag: Tourismus in Ägypten, Wunschprogramm, Landwirtschaft. Dienstag: Bekannte Orte und Plätze in Ägypten. Blickpunkt Nahost, Wußten Sie das?, Hörerbriefkasten. Mittwoch: Namen in der Geschichte, Begegnung in Kairo, Treffpunkt Kurzwelle (DX-Programm), Die Religion des Islam. Donnerstag: Kultursendung, Ägypten und die internationalen Probleme, Wissenschaft, Sie fragen – wir antworten. Freitag: Ägypten und Europa in der Geschichte, Die Palästinafrage, Der Islam, Hörerquiz. Samstag: Islamische Kunst, Philatelistenecke, Tourismus in Ägypten, Kairoer Wochenspiegel. Sonntag: Thema Palästina, Unterhaltungsprogramm – Ägyptische Sänger. Briefe und Empfangsberichte werden beantwortet.

Adresse: Radio Kairo,
           P.O.Box 1186,
           Kairo, Ägypten

Radio Pyongyang

Aufgeschreckt durch die Einführung deutscher Rundfunksendungen bei Radio KBS Seoul, versucht auch Nordkorea um die Gunst der deutschen KW-Radiohörer mitzumischen. Seit 1983 sendet Radio Pyongyang ein Abendprogramm in Deutsch, neuerdings sogar zweimal eine Stunde. Die Sendungen sind aber wirklich langweilig und bestehen fast nur aus Nachrichten, Kommentaren und Musik. Reichlich antiquiert und mittlerweile mehr ein Kuriosum im internationalen Rundfunk sind die Huldigungen an den kommunistischen Führer des Landes, der im Mittelpunkt jeder Sendung steht.

Montags gibt es ein Kulturprogramm, koreanische Sehenswürdigkeiten werden am Wochenende vorgestellt und sonntags werden zu Klängen aus Korea Leserbriefe beantwortet. Die „Macher" in Korea (Nord) sollten mal hören, wie man in Korea (Süd) gute KW-Rundfunksendungen macht. Der Empfang von Radio Pyongyang bereitet keine Schwierigkeiten, wenn man die Frequenzen außerhalb der üblichen KW-Bänder einstellen kann. Zuschriften werden beantwortet. Für Empfangsberichte gibt es eine QSL-Karte.

Adresse: Radio Pyongyang, Korean Central Broadcasting Committee, Pyongyang, D.V.R. Korea (Nord)

KBS Seoul

Seit 1981 sendet Radio Korea, der Auslandsdienst des südkoreanischen Rundfunks KBS, in deutscher Sprache. Der Redaktion in Seoul gelang es auf Anhieb, ein ansprechendes und interessantes Programm zu gestalten. Leider ist der Empfang nicht besonders gut; am besten ist noch die späte Abendsendung auf der Außerbandfrequenz zu hören.

Radio Korea möchte über das Geschehen in Südostasien und speziell im geteilten Korea berichten. Täglich hören Sie außer den Nachrichten und einem Kommentar die Sendung „Kreuz und quer durch Korea" mit Reportagen über Land und Leute, Geschichte, Kunst und Sport. Auch ein kleiner koreanischer Sprachkurs ist zu hören. Weitere besondere Sendungen:

Sport-Panorama (Mo), Das koreanische Kulturleben (Di), Korea aktuell (Mi), Im Brennpunkt – aktuelle Themen aus aller Welt (Do), Reisen in Korea (Sa), Kurzwellen-Hobbysendung (Sa), Chronik der Woche, koreanische Klänge und die Hörerpostsendung (So).

Auf Anfrage erhält man den aktuellen Sendeplan. Empfangsberichte werden mit einer QSL-Karte und einem Wimpel bestätigt.

Adresse: Radio Korea (KBS), International Dept., 1 Yoido-dong, Youngdungpo-gu, Seoul 150, Rep. Korea (Süd)

Radio Japan

Aus Japan wird jeden Morgen und jeden Abend eine Kurzwellensendung in Deutsch Richtung Europa ausgestrahlt, die parallel auch über die Relaisstation Gabun/Afrika kommt. Die Empfangssituation hat sich dadurch deutlich gebessert, so daß Radio Japan jetzt wieder regelmäßig zu hören ist. Das Programm ist recht kurzweilig und hörenswert. Neben den Nachrichten, einem Kommentar und dem Journal „Radio Japan aktuell" sind zum Beispiel folgende Sendereihen zu hören:

Montag: Japanisch für alle (Sprachkurs). Dienstag: Diskussionsrunde, Bücherecke, Klänge aus Japan. Mittwoch: Asienjournal – Nachrichten und Berichte aus allen Teilen Asiens. Am Wochenende gibt es die Magazinsendung „Japanorama", ein buntes Programm

Mitarbeiter des deutschen Programms von Radio Japan.

mit Berichten über Land und Leute. Und gelegentlich sind auch Tips für Japan-Besucher zu hören.

Ein Programmheft wird auf Anfrage verschickt. Empfangsberichte werden mit QSL-Karten bestätigt. Die Antwort aus Japan kommt übrigens immer sehr schnell.

Adresse: Radio Japan, Nippon Hoso Kyokai, 2-2-1 Jinnan, Shibuya-Ku, Tokyo, Japan

Voice of Free China

Seit Oktober 1986 kommt täglich eine einstündige Sendung von der Insel Taiwan (Nationalchina), die bei uns relativ gut gehört werden kann. Das junge Redaktionsteam von Radio Taiwan, der Voice of Free China (VoFC), bietet den Hörern ein interessantes, ansprechendes Programm.

Man bemüht sich, den europäischen Hörern die Entwicklung im Fernen Osten verständlich zu machen und die Kultur und Lebensweise darzustellen. Von Interesse sind für uns natürlich auch die wirtschaftlichen Beiträge. Nach den täglichen Nachrichten, dem Kommentar und einem kleinen Sprachkurs „Chinesisch für Anfänger" sind folgende feste Rubriken im Programm:

Montag: Wirtschaft und Außenhandel. Dienstag: Chinesische Kultur und klassische Musik. Mittwoch: Chinesisches Schatzkästchen/Hörerbriefkasten. Donnerstag: Reisen durch Taiwan. Freitag: Chinesische Sitten und Feste sowie die Hobbyecke und gelegentlich Rezepte aus der chinesischen Küche. Samstag: Soziales und Aktuelles aus der Republik China. Sonntag: Aus der Geschichte Chinas, Land und Leute, Musik aus China. Empfangsberichte werden von Radio Taiwan mit einer QSL-Karte bestätigt.

Adresse: Voice of Free China, P.O.Box 24-38, Taipei, Taiwan/Republik China

Radio Peking (Beijing)

In Peking (Beijing) legt man anscheinend großen Wert auf die deutschsprachigen Hörer, denn von den 39 Programmsprachen, in denen Radio Peking sendet, steht vom Umfang her Deutsch an dritter Stelle.

Die Sendungen beginnen mit den Nachrichten, bestehend aus Inlands- und internationalen Meldungen sowie kurzen Berichten über wichtige Ereignisse in China. Im anschließenden Kommentar wird der Standpunkt Chinas zu den wichtigen nationalen und internationalen Fragen wiedergegeben.

Das Hauptprogramm besteht aus Feature-Reihen mit den folgenden Themen:

Montag: Hörerbriefkasten – Radio Peking beantwortet Fragen der Hörer. Dienstag: China im Aufbau/Wege zum modernen China – ein Wirtschaftsmagazin. Mittwoch: Kultur Chinas. Donnerstag/Freitag: Reisen durch China. Samstag: Wochenendkonzert mit meist klassischer chinesischer Musik und Erläuterungen dazu. Sonntag: Sonntagsmagazin/Sonntagskochrezept aus der chinesischen Küche.

Zusätzlich sind immer wieder kleine Beiträge über die chinesischen Sitten und Gebräuche, über Land und Leute, das Alltagsleben und den Sport und natürlich auch über die chinesische Mythologie zu hören. Gelegentlich wird auch ein Sprachkurs „Alltagschinesisch für Anfänger" ausgestrahlt.

Radio Peking sendet außerhalb der international für den Rundfunk festgelegten Kurzwellenbereiche. Das hat natürlich den Vorteil, daß Sie den Sender leichter finden und relativ störungsfrei hören können. Den besten Empfang bietet die Sendung am späten Abend auf

Ein Sprecherteam von Radio Peking am Mikrofon.
(Foto: Radio Peking)

3985 kHz, die über den Relaissender in der Schweiz ausgestrahlt wird. Allerdings ist es nicht mit allen Radios möglich, die Frequenz zu empfangen. Briefe an Radio Peking werden beantwortet.

Adresse: Radio Peking (Beijing),
             Peking, Volksrepublik China

Voice of America

Als Kurzwellenhörer lernt man sehr schnell die „Stimme Amerikas" kennen. Über zahlreiche Sender in den Vereinigten Staaten und über Relaissender in aller Welt strahlt die „Voice of America" (VoA) Sendungen in mehr als 40 Sprachen aus.

Überraschend sind seit Sommer 1991 auch wieder deutschsprachige Sendungen aus Washington zu hören, die morgens vom VoA-Relais München ausgestrahlt werden. Vermutlich wird dieser Dienst aber schon bald ausgebaut und auch die Hörbarkeit der Sendungen verbessert.

Die englischsprachigen Sendungen der VoA kann man rund um die Uhr in sehr guter Qualität empfangen. Einen ausführlichen Sendeplan kann man sich ebenso schicken lassen wie die Programmzeitschrift „Voice". Empfangsberichte werden bestätigt.

Adresse:
Voice of America,
U.S. Information Agency,
Washington, D.C. 20547,
USA

oder:
VoA Europe,
Postfach 220229,
8000 München 22

Radio WCSN/WSHB

Christian Science Broadcasting Network (CSBN)

Die „Herolde der Christlichen Wissenschaften" sind mit starken Sendern auch im Äther aktiv. Die englischsprachigen Sendungen sind durchaus interessant und bieten viele interessante Programmpunkte – auch als Alternative zur ebenfalls amerikanischen VoA. Neuerdings werden am Wochenende auch deutschsprachige Sendungen ausgestrahlt, die allerdings rein religiösen Inhalts sind.

Einen Sendeplan mit Informationsunterlagen bekommt man auf Anfrage. Eine QSL-Karte muß man selbst ausfüllen und zur Bestätigung nach Boston schicken.

Adresse: Radio WCSN/WSHB,
Christian Science Broadcasting Network,
P.O.Box 860, Boston, Mass. 02123,
USA

WYFR Family Radio, USA

Die amerikanische Missionsgesellschaft Family Radio WYFR strahlt täglich mehrere deutschsprachige Programme für Hörer in Europa aus, die durchweg religiösen Inhalts sind. Auf Wunsch verschickt WYFR einen Sendeplan und weitere Informationen. Empfangsberichte werden mit einer QSL-Karte bestätigt.

Adresse: Family Radio Network,
          290 Hegenberger Road, Oakland,
          CA 94621, USA

oder: Familien-Radio,
          Postfach 1453,
          D-5272 Wipperfürth

HCJB Quito, Ekuador

Im südamerikanischen Ekuador ist ein Sender ganz besonderer Art beheimatet: Radio HCJB – Die Stimme der Anden. Dieser Rundfunksender gehört zu einer überkonfessionellen, internationalen Missionsgesellschaft und wird durch Spenden von Freunden in aller Welt getragen. Seit 1953 besteht die deutschsprachige Abteilung. Die Sendungen sind in erster Linie religiösen Inhalts. Mit Erfolg ist HCJB aber auch um eine gewisse Ausgewogenheit bemüht und bietet auch kulturelle, informative und unterhaltende Sendungen an.

Berichte und Erzählungen von Indianern und Siedlern in Lateinamerika, umrahmt von typischer Musik aus Ekuador, bringt jeden Dienstag die Sendung „Land und Leute in Südamerika". Nachrichten und Musik aus Ekuador verbunden mit aktuellen Bemerkungen kann man am Donnerstag in „Neues unter der Äquatorsonne" hören.

Eine spezielle Sendung für junge Leute, verbunden mit einem Quiz, ist freitags im Programm.

Und jeden Samstag wird die Hobbysendung „Für DXer" ausgestrahlt (Plaudereien mit Freunden des Kurzwellenhobbys und verschiedene Beiträge von den Hörerclubs).

Der Empfang von Radio HCJB ist erstaunlich gut. Lesenswertes Informationsmaterial über die Stimme der Anden und Sendeplan werden auf Wunsch zugeschickt.

Zuschriften und Empfangsberichte sind willkommen und werden persönlich beantwortet. Für eine Luftpostantwort sollte man zwei Internationale Antwortscheine (IRC) beilegen.

Adresse:
Radio HCJB,
Casilla 691,
Quito, Ekuador

oder:
Arbeitsgemeinschaft HCJB,
Postfach 5101,
D-6300 Gießen.

Radio Argentina

Die deutschsprachigen Sendungen aus Buenos Aires sind seit einiger Zeit wieder regelmäßig bei uns zu hören. Je nach Jahreszeit kommt das Programm allerdings erst spätabends, und das auch nur wochentags.

In den Sendungen hören Sie Berichte aus dem Leben in Argentinien, über Wirtschaft, Kultur, Wissenschaft und Sport – das alles untermalt von argentinischer Folklore.

Dienstags wird die Hörerpost beantwortet und Sie hören landestypische Tango-Musik. Und jeden Donnerstag heißt es „Besuchen Sie Argentinien".

Auf Anfrage wird ein Programmblatt verschickt. Korrekte Empfangsberichte werden bestätigt. Für Luftpostantwort sollte man zwei Internationale Antwortscheine (IRC) beifügen.

Adresse: Radio Argentina al Exterior (RAE), Casila de Correo 555, 1000 Buenos Aires, Argentinien

Radio Nacional do Brasil

Freunde von südamerikanischer Musik kommen jeden Abend auf ihre Kosten, wenn Sie Radio Nacional do Brasil einschalten. Das deutschsprachige Programm ist in letzter Zeit wieder regelmäßig recht ordentlich zu empfangen und bringt viel typisch brasilianische Musik.

An Wochentagen hören Sie das „Brasilianische Panorama" mit Berichten und Informationen aus dem Alltag in Brasilien. Montags gibt es Tips und Informationen für zukünftige Brasilien-Touristen oder es wird über Ökologie in Brasilien berichtet. Einen wirtschaftlichen Überblick gibt es dienstags. Am Mittwoch steht die Geschichte Brasiliens auf dem Programm. Donnerstags wird über das ländliche Brasilien berichtet. Der Freitag steht ganz im Zeichen der Kultur und Folklore. Samstags kommen Sportfreunde auf ihre Kosten, außerdem kann man die Schlagzeilen der Woche hören. Und am Sonntag widmet sich Radio Nacional do Brasil ausgiebig der Hörerpost in der Sendung „Fragen und Antworten".

Radio Nacional do Brasil verschickt einen Programmplan und bestätigt Empfangsberichte mit einer QSL-Karte.

Adresse: Radio Nacional do Brasil, C.P. 04-0340, 70323 Brasilia D.F., Brasilien

Sendungen in Englisch aus aller Welt

Mit der vorangegangenen Vorstellung deutschsprachiger Sendungen haben Sie schon eine recht große Auswahl von Sendern kennengelernt. Vielen Kurzwellenhörern reicht das auch, denn wenn man die interessantesten und wichtigsten Sendungen davon regelmäßig hört, ist man schon mehr als ausgelastet.

Es gibt aber viele Gründe, auch fremdsprachige Sendungen anderer Sender empfangen zu wollen. Vielleicht möchten Sie Informationen aus einem bestimmten Land hören, und der betreffende Sender sendet nicht in Deutsch, sondern nur in anderen Sprachen. Oder Sie entwickeln sich zum Senderjäger, der immer mehr Sender empfangen will – da hat man die Sender mit deutschsprachigem Programm schnell durch.

Sehr viele Sender in aller Welt, die ein Auslandsprogramm auf Kurzwelle ausstrahlen, senden in englischer und/oder französischer Sprache. Wenn Sie Englisch oder Französisch verstehen, können Sie Sendungen aus jedem mehr oder weniger wichtigen Land der Erde hören. Das riesengroße Angebot des Kurzwellenrundfunks steht zu Ihrer Verfügung.

Auf den folgenden Seiten finden Sie kurze Vorstellungen weiterer internationaler Rundfunkdienste, die nicht in Deutsch, wohl aber in Englisch oder Französisch Programme ausstrahlen. Zudem können Sie davon ausgehen, daß die vorangegangenen Sender mit deutschsprachigem Programm auch alle in Englisch und vielen anderen Sprachen senden. Die nachfolgend aufgeführten Sender sind fast immer recht gut zu empfangen. Insgesamt können Sie als Kurzwellenhörer eine sehr große Anzahl von Sendungen aus fast allen Ländern der Welt hören. Einen kompletten Überblick, verbunden mit einer Vielzahl von zusätzlichen Informationen und Empfangshinweisen, beinhaltet unser Jahrbuch „Sender & Frequenzen" (siehe Hinweis am Ende dieses Buches).

Radio Nederland

Eine in aller Welt sehr beliebte Sendung strahlt Radio Nederland jeden Sonntag aus: „Happy Station". Diese von Moderator Tom Meyer mit sehr viel Schwung und Spaß gestaltete Unterhaltungssendung läßt sich sonntags nach dem Ausschlafen immer wieder gut hören.

Aber auch die ganze Woche über ist Radio Nederland mit englischsprachigen Sendungen sehr gut zu empfangen. Ein ausführliches Programmheft wird auf Wunsch regelmäßig geschickt. Empfangsberichte werden innerhalb kurzer Zeit mit einer QSL-Karte bestätigt.

Adresse: Radio Nederland, P.O.Box 222,
NL-1200 JG Hilversum, Niederlande

Radio Norway

Radio Norway sendet nur samstags und sonntags in Englisch. Die halbstündige Sendung für Hörer in Europa und Übersee wird dann an diesem Tag mehrfach ausgestrahlt und gibt einen guten Überblick über die Ereignisse in Skandinavien. Das Programmheft von Radio Norway bekommt man auf Wunsch regelmäßig geschickt. Empfangsberichte werden bestätigt.

Adresse: Radio Norway International,
N-0340 Oslo 3, Norwegen

Radio Portugal

Die langjährigen Sendungen in deutscher Sprache hat Radio Portugal leider eingestellt, vielleicht auch deswegen, weil die Hörerzahl aufgrund des anhaltend schlechten Empfangs auf ein Minimum geschrumpft war. Als Ersatz sind aber z.B. die Sendungen in Englisch und Französisch recht gut bei uns zu empfangen. Einen Sendeplan gibt es auf Anfrage. Empfangsberichte werden bestätigt.

Adresse: Radio Portugal, Rua. S. Marcal 1,
P-1200 Lisboa, Portugal

Kol Israel

Der Staat Israel steht immer wieder im Mittelpunkt des Weltgeschehens, und so kann es interessant und wichtig sein, die Sendungen von „Voice of Israel" (Kol Israel) zu hören. Mit verschiedenen Sen-

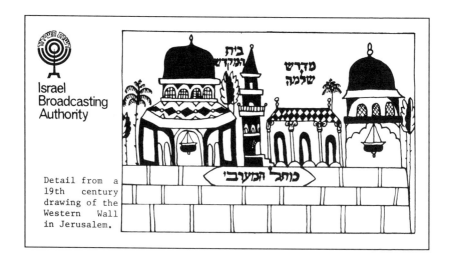

dungen ist der Sender auf Kurzwellen gut in Europa zu empfangen (Englisch/Französisch).

Neben Nachrichten, Kommentaren, Korrespondentenberichten, Interviews und Features sind viele interessante Sendungen zu hören, die einen Einblick in das Kultur- und Geistesleben der jüdischen Welt geben.

Am späten Nachmittag ist auch eine Sendung in Jiddisch zu hören, die man als Deutscher relativ gut verstehen kann.

Einen Sendeplan gibt es auf Anfrage. Empfangsberichte werden mit einer QSL-Karte bestätigt.

Adresse: Radio Kol Israel,
External Service,
P.O.Box 1082,
91010 Jerusalem, Israel

Radio Jordan

Nachdem auch in Jordanien ein neues Sendezentrum entstanden ist, sind die englischsprachigen Sendungen von Radio Jordan bei uns regelmäßig und in guter Qualität auf Kurzwelle zu empfangen. Radio Jordan ist eine gute Informationsquelle für alle Hörer, die sich besonders für das Geschehen im Nahen Osten interessieren.

Empfangsberichte werden relativ schnell mit einer QSL-Karte beantwortet.

Adresse: Radio Jordan,
P.O.Box 909,
Amman, Jordanien

Radio Dubai

Die Vereinigten Arabischen Emirate am Persischen Golf haben einen kleinen Teil ihrer Ölmilliarden in moderne, leistungsstarke Sendeanlagen angelegt, um sich so auch auf Kurzwelle international mehr Gehör zu verschaffen. Radio Dubai sendet mehrmals täglich in Englisch und ist gut zu empfangen. Empfangsberichte werden bestätigt.

Adresse: Radio Dubai, P.O.Box 1695, Dubai,
Vereinigte Arabische Emirate

RTA Algier

In den Abendstunden ist eine englischsprachige Sendung von RTA Algier unter guten Bedingungen auf Kurzwelle zu hören. Besser sind die Empfangsmöglichkeiten für die Sendungen tagsüber auf Kurzwelle und Langwelle 254 kHz, wenn die arabischen und französischen Programme ausgestrahlt werden. Empfangsberichte werden von der RTA bestätigt.

Adresse: Radiodiffusion-TV Algerienne
21, Boulevard des Martyrs, Algier, Algerien

All India Radio

Aus Indien ist All India Radio (AIR) mit verschiedenen englischsprachigen Sendungen gut zu empfangen. Auf Anforderung erhält man auch eine Programmzeitschrift. Empfangsberichte werden bestätigt.

Adresse: All India Radio, General Overseas Service,
P.O.Box 500, New Delhi, Indien

Radio Pakistan

Radio Pakistan bietet ebenfalls mehrere englischsprachige Sendungen, deren Empfang auch in Europa recht gut ist. Einen Sendeplan gibt es auf Anfrage. Empfangsberichte werden bestätigt.

Adresse: Radio Pakistan, External Service, Broadcasting House
Constitution Avenue, Islamabad, Pakistan

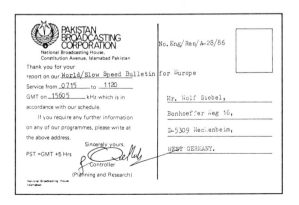

Radio Bangladesh

Auch Radio Bangladesh kann regelmäßig empfangen werden; am besten auf den Frequenzen außerhalb der offiziellen KW-Rundfunkbänder. Leichte Frequenzabweichungen sind immer möglich.

Falls Sie den Sender nicht hereinbekommen, sollten Sie's mal 5 bis 10 kHz höher oder tiefer versuchen.

Empfangsberichte werden von Radio Bangladesh bestätigt.

Adresse: Radio Bangladesh,
P.O.Box 2204, Dhaka,
Bangladesh

Voice of Vietnam

Die Voice of Vietnam strahlt täglich eine ganze Reihe von Sendungen in englischer und französischer Sprache aus, die sich auch an Hörer in Europa wenden. Allerdings werden Frequenzen außerhalb der regulären KW-Rundfunkbereiche benutzt.

Der Empfang ist recht gut. Zuschriften werden von der Voice of Vietnam beantwortet.

Adresse: Radio Voice of Vietnam,
58 Quan Su Street,
Hanoi, Vietnam

Radio Australia

Obwohl Radio Australia die speziellen Europasendungen aufgegeben hat, ist die Station trotzdem hier auf einigen Frequenzen besonders nachmittags und abends recht gut zu empfangen.

Das Programm in Englisch bietet neben Nachrichten und Kommentaren zu internationalen Ereignissen viel an Informationen über das Geschehen in Australien und über das Leben auf diesem Kontinent. Dazu kommen hörenswerte Unterhaltungssendungen. Interessierte Hörer können einen Programmplan erhalten. Empfangsberichte werden bestätigt.

Adresse: Radio Australia, P.O.Box 755,
Glen Waverly, Victoria 3150, Australien

Radio New Zealand

Betrachtet man die Erdkugel, liegt für uns Deutsche sozusagen „am anderen Ende der Welt" Neuseeland. Seit Anfang 1990 ist es jetzt sogar möglich, Rundfunksendungen direkt von dort zu empfangen. Radio New Zealand International hat ganz neue, stärkere Sendeanlagen in Betrieb genommen. Der Empfang der englischsprachigen Sendungen ist – für diese Entfernung – wirklich gut und die Programme sind sicherlich eine Bereicherung im Kurzwellenspektrum. Wer von Fernweh geplagt wird, kann sich an Nachrichten und Berichten auch aus dem „Südsee"-Raum erfreuen.

DATE: 13.3.90

DEAR Wolf.

THANK YOU FOR YOUR REPORT. I AM PLEASED TO CONFIRM YOUR RECEPTION OF RADIO NEW ZEALAND INTERNATIONAL ON THE:

FREQUENCY 17.680 MHz
DATE: 26. February 1990
TIME: 1830. DGMT.

73s.

MANAGER
RNZ INTERNATIONAL
BOX 2092
WELLINGTON
NEW ZEALAND

Radio New Zealand ist sowohl abends als auch (besser) morgens bei uns zu empfangen. Empfangsberichte werden bestätigt, wenn drei Internationale Antwortscheine (IRC) als Rückporto beiliegen.

Adresse: Radio New Zealand International,
P.O.Box 2092, Wellington, Neuseeland

Radio Africa No. 1

Vor wenigen Jahren wurden moderne und starke Sendeanlagen im westafrikanischen Gabun errichtet. Die kommerzielle Sendegesellschaft „Radio Africa No. 1" strahlt eigene Sendungen in französischer Sprache aus, die durchaus hörenswert sind. Kurze Beiträge befas-

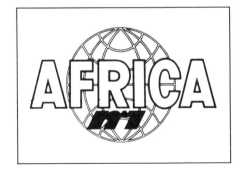

sen sich mit dem Geschehen in ganz Afrika und es gibt viel Musik, zum Teil auch typisch afrikanische Klänge. Außerdem wird der Sender auch an andere Rundfunkanstalten (z.B. RFI Paris und NHK Tokyo) zur Nutzung als Relaissender vermietet. Empfangsberichte werden mit QSL-Karte bestätigt.

Adresse: Radio Africa No. 1,
B.P. 1, Libreville, Gabun

Radio Canada International

Ganz oben auf der Beliebtheitsskala der Hörer standen bisher die deutschsprachigen Sendungen von Radio Canada International (RCI). Um so unverständlicher ist es, daß gerade diese Sendungen aus angeblich finanziellen Gründen im Frühjahr 1991 eingestellt wurden.

Wer an Informationen aus Kanada interessiert ist, muß jetzt die englischsprachigen Sendungen hören, die erfreulicherweise recht gut bei uns zu empfangen sind.

Unklar ist derzeit auch, ob Sendepläne und Programminformationen verschickt werden. Den Versand von QSL-Karten hatte RCI schon vor Jahren drastisch eingeschränkt. Trotzdem freut man sich in Montreal über Hörerbriefe – allein schon, um zu demonstrieren, wie groß das Interesse der Hörer an Sendungen aus Kanada ist.

Adresse: Radio Canada International,
P.O.Box 6000,
Montreal (Quebec),
Canada H3C 3A8

Radio Habana Cuba

Radio Habana Cuba (RHC) strahlt mehrere Sendungen in englischer und französischer Sprache aus – zum Teil auch über Relaissender in der UdSSR. Zur Zeit kommt Radio Habana wieder regelmäßig abends gut hörbar bei uns herein.

Noch besser funktioniert die Hörerbetreuung: Wer einmal an Radio Habana geschrieben hat, bekommt noch Jahre später regelmäßig Informationsmaterial und Sendepläne. Gelegentlich werden auch Hörerpreisausschreiben veranstaltet. Vielleicht gewinnen Sie einmal eine Reise nach Kuba? Empfangsberichte werden bestätigt.

Adresse: Radio Habana, Apartado 7062,
           La Habana, Kuba

Aktuelle Sendepläne

Auf den folgenden Seiten finden Sie zusammengefaßt die Angaben über Sendezeiten und Frequenzen der wichtigsten Sender aus aller Welt, die bei uns regelmäßig zu hören sind. Bevorzugt werden die deutschsprachigen Sendungen genannt, ansonsten sind englisch- oder französischsprachige Sendungen angegeben. Die Reihefolge ist alphabetisch geordnet nach Ländern.

Bitte beachten Sie:

Alle Zeitangaben beziehen sich auf unsere Mitteleuropäische Zeit MEZ, bzw. im Sommerhalbjahr auf die Sommerzeit MESZ. Sie müssen also keine Zeitangaben umrechnen! Mit * gekennzeichnete Sendungen kommen im Sommerhalbjahr allerdings eine Stunde später.

Frequenzwechsel kommen im Kurzwellen-Rundfunk relativ häufig vor. Teilweise werden je nach Jahreszeit unterschiedliche Frequenzen benutzt. Wir geben deshalb auch Alternativfrequenzen an. Bitte probieren Sie immer alle angegebenen Frequenzen aus!

Radio Kairo, Ägypten

Deutsch:	*2000-2100 Uhr:	9900 kHz

Radio Afghanistan

Deutsch	*1830-1900 Uhr:	6020, 6140, 7215, 9635, 9890, 11845, 12060, 15510, 15440 kHz

Radio Tirana, Albanien

Deutsch:	1600-1630 Uhr:	7260, 7310, 9375, 9630 kHz
	1800-1830 Uhr:	7260, 7310, 9375, 9630 kHz
	2130-2200 Uhr:	7260, 7310, 9375, 9630 kHz

Radio Algier (RTA), Algerien

Englisch:	*2000-2100 Uhr:	9510, 9535, 9635, 9685, 15215, 17745 kHz und MW 981 kHz
Französisch:	tagsüber:	9510, 9535, 9685, 15160, 15205 kHz

Radio Argentina (RAE), Argentinien

Deutsch:	*2200-2300 Uhr:	15345 kHz (nur Mo-Fr) evtl. auch ein bis zwei Stunden später.

Radio Australia, Australien

Englisch:	vormittags:	15240, 15320, 17630, 17795, 21720, 21775, 25750 kHz
	nachm./abends:	9580, 9710, 9860, 11910, 11930, 12000, 13605, 13755, 17630, 21720 kHz

Radio Bangladesh, Bangladesh

Englisch:	*1330-1430 Uhr:	15208, 15647, 17750 kHz
	*1915-2000 Uhr:	9577, 12020, 12030 kHz

BRT (BRTN) Brüssel, Belgien

Deutsch:	0930-1000 Uhr:	9855, 11695, 13675, 21815 kHz (So)
	1030-1055 Uhr:	5910, 9925, 11695, 13675 kHz (Mo-Sa)
	1930-1955 Uhr:	5910, 9905, 15515, 17550 kHz (Mo-Sa) und jeweils Mittelwelle 1512 kHz
	1230-1245 Uhr:	1512, 9855 kHz (Mo-Sa) BRF Eupen

Radio Brasilia, Brasilien

Deutsch:	*2030-2150 Uhr:	15265 kHz

Radio Sofia, Bulgarien

Deutsch:	0730-0815 Uhr:	11720, 15160, 17825 kHz
	1800-1845 Uhr:	9560, 9700, 11720, 15330, 17780 kHz
	2115-2200 Uhr:	6035, 6070, 7155, 7185, 9700, 11660, 11720, 15330 kHz

Radio Peking, China

Deutsch:	*1900-2000 Uhr:	6860, 6920, 7315, 9920, 11500 kHz
	*2000-2100 Uhr:	6860, 6920, 7315, 9920, 11500 kHz
	2200-2230 Uhr:	3985 kHz

Radio Habana Cuba

Englisch:	*2000-2100 Uhr:	11705, 11850, 15435, 17705 kHz
	*2100-2200 Uhr:	11800, 11850, 15435, 17705, 17835 kHz
	*2300-2400 Uhr:	7215, 9685, 9710, 11705 kHz

Radio HCJB Quito, Ekuador

Deutsch:	*0700-0730 Uhr:	6205, 9610, 9695, 11835, 15270, 17790, 21455, 25950 kHz
	*1930-2000 Uhr:	15270, 17790, 21455, 21480, 25950 kHz
	*2200-2230 Uhr:	15270, 17790, 21455, 21480, 25950 kHz (auf 21455 und 25950 kHz in SSB!)

Radio Finnland

Deutsch:	0730-0745 Uhr:	6120, 9560, 11755 und Mittelwelle 963 kHz
	1215-1240 Uhr:	15115, 15325 kHz
	1730-1800 Uhr:	6120, 11755 kHz
	2115-2145 Uhr:	6120, 9550, 9730, 11755, 15185 kHz und Mittelwelle 963 kHz

RFI Paris, Frankreich

Deutsch:	1900-2000 Uhr:	6150, 7145 kHz und Mittelwelle 1278 kHz
Französisch:	fast rund um die Uhr u.a. auf 6175 kHz	

Radio Africa No. 1, Gabun

Französisch:	*1700-2200 Uhr:	9580, 15475, 17630 kHz

Radio Athen, Griechenland

Deutsch:	*2040-2050 Uhr:	7430, 9395, 11645, 11945 kHz (Mo-Sa) (evtl. auch eine Stunde später)

BBC London, Großbritannien

Deutsch:	0545-0645 Uhr:	3975, 6010 kHz und Mittelwelle 648 kHz
	1245-1300 Uhr:	6125, 9600 kHz und Mittelwelle 648 kHz
	1715-1800 Uhr:	6125, 9750 kHz und Mittelwelle 648, 1296 kHz
	1930-2100 Uhr:	3975, 6125, 9915 und Mittelwelle 648 kHz
Englisch:	fast rund um die Uhr u.a. auf 6195, 7325, 9410, 12095, 15070 und Mittelwelle 648 kHz	

All India Radio (AIR), Indien

Englisch:	*1945-2045 Uhr:	7412, 9665, 9910, 9950, 11620, 11860, 11935 kHz
	*2145-2330 Uhr:	7412, 9665, 9730, 9910, 9950, 11620, 11715, 15265 kHz

Radio Teheran, Iran

Deutsch:	1830-1930 Uhr:	6030, 6140, 9022, 15260 kHz

Kol Israel

Englisch:	1200-1230 Uhr:	17545 kHz
	1900-1915 Uhr:	11588, 11655, 11675, 15590, 15640, 17575 kHz
	2100-2130 Uhr:	7465, 9435, 11588, 11605, 11675, 15640, 17575, 17630 kHz
Jiddisch:	1800-1855 Uhr:	9435, 11588, 11605, 15590, 15640, 17575 kHz

AWR – Italien

Deutsch:	1000-1030 Uhr:	7230 kHz
	1300-1330 Uhr:	7230 kHz
Englisch:	0930-1000 Uhr:	7230 kHz
	1230-1300 Uhr:	7230 kHz

RAI Rom, Italien

Deutsch:	*1635-1650 Uhr:	5990, 7275, 7290, 9575 kHz
	*1850-1925 Uhr:	5990, 7275, 9575 kHz

Radio Japan

Deutsch:	*0700-0730 Uhr:	15240, 15250, 15325, 15355, 21500, 21690 kHz
	*2100-2130 Uhr:	9540, 15230, 15355, 21640 kHz

Radio Jordan, Jordanien

Englisch:	1300-1400 Uhr:	13655 kHz
	1730-1800 Uhr:	9560 kHz

Radio Jugoslawien

Deutsch:	1830-1915 Uhr:	7215, 9620 kHz
	2130-2200 Uhr:	5960, 5995, 6100, 7215, 9620 kHz

Radio Kanada

hat leider die deutschsprachigen Sendungen eingestellt.

Englisch:	*0715-0800 Uhr:	6050, 6150, 7295, 9750, 11775, 17840 kHz
	*1800-1830 Uhr:	5995, 7235, 15325, 17820, 21545 kHz
	*2100-2130 Uhr:	5995, 7235, 13650, 15325, 17875 kHz

Radio Pyongyang, Nord-Korea

Deutsch:	*2000-2050 Uhr:	6576, 9345 kHz
	*2200-2250 Uhr:	9325, 11705, 11760, 11845 kHz

Radio Korea (Seoul), Süd-Korea

Deutsch:	*0815-0900 Uhr:	7550, 13670, 15575 kHz
	*2045-2130 Uhr:	7550, 9870 kHz
	*2230-2315 Uhr:	6480, 15575 kHz

Radio Riga, Lettland

Deutsch:	2235-2240 Uhr:	576, 1350, 5935 kHz (Mo-Fr)

RTL Radio, Luxemburg

Deutsch:	Kurzwelle 6090 kHz und Mittelwelle 1440 kHz (bis 2000 Uhr)

IBRA Radio, Malta

Deutsch: *2130-2145 Uhr: 7110 kHz

Evangeliumsrundfunk (ERF/TWR), Monaco

Deutsch:	0545-0615 Uhr:	6230, 7160 und MW 1467 kHz
	0930-0945 Uhr:	7160, 9795 (So bis 1015)
	1205-1220 Uhr:	7160, 9795 kHz (Mo-Sa)
	1530-1600 Uhr:	7160, 9795 (Sa ab 1515)
	2130-2230 Uhr:	6230 und MW 1467 kHz

Radio New Zealand, Neuseeland

Englisch:	*0830-1210 Uhr:	9700 kHz
	*1855-2310 Uhr:	13785, 15120, 15485 kHz
	*2210-0830 Uhr:	17770 kHz

Radio Nederland, Niederlande

Englisch:	*1230-1325 Uhr:	5955, 9715, 17575, 21480, 21520 kHz
	*1530-1625 Uhr:	5955, 13770, 15150, 17575, 17605 kHz
	*1930-2025 Uhr:	6020, 15570, 17605, 21685 kHz

Radio Norway, Norwegen

Englisch:	*1400-1430 Uhr:	9590, 25730 kHz (nur Sa+So)
	*1800-1830 Uhr:	9655 kHz (nur Sa+So)
	*2000-2030 Uhr:	15175, 15220, 15235, 17730, 21705, 25730 kHz (nur Sa+So)

Radio Österreich Int. (RÖI), Österreich

Deutsch:	tagsüber:	6155, 13730 kHz
	abends:	5945, 6155, 13730 kHz (ggf. jeweils erste halbe Stunde)

Radio Pakistan

Englisch:	*1205-1220 Uhr:	17555, 17595, 17870, 17902, 21520 kHz
	*1700-1730 Uhr:	11570, 13665, 15550, 15605, 17550, 17725, 17895, 21480, 21530, 21670 kHz
	*1800-1900 Uhr:	9775, 9815, 11570, 15550, 15605, 17555, 17820 kHz

Radio Polonia, Polen

Deutsch:	*1300-1325 Uhr:	5995, 6135, 9540 kHz
	*1500-1525 Uhr:	5995, 6135, 7285, 9525, 9540, 11815 kHz
	*1700-1725 Uhr:	5995, 6095, 6135, 7285, 9540, 11815 kHz und Mittelwelle 1503 kHz
	*1900-1925 Uhr:	5995, 6095, 7285, 9540 kHz und Mittelwelle 1503 kHz
	*2000-2100 Uhr:	5995, 6135, 7270 kHz u. Mittelwelle 1503 kHz

Radio Portugal, Portugal

Englisch:	1700-1730 Uhr:	15425, 21515 kHz (Mo-Fr)
	2100-2130 Uhr:	11740, 15250, 17755 kHz (Mo-Fr)
Französisch:	2130-2200 Uhr:	11740 kHz (Mo-Fr)

Radio Bukarest Int., Rumänien

Deutsch:	*1300-1330 Uhr:	5995, 9550, 9690, 11940, 15365, 15445 kHz
	*1900-1930 Uhr:	5955, 7195, 7225, 9510, 9690, 9810, 11790, 11940 kHz
	*2000-2030 Uhr:	5955, 5995, 7195, 7225, 9510, 9690, 11790, 11940 kHz

Radio Schweden

Deutsch:	1130-1230 Uhr:	6065, 9630 kHz (nur Sa+So)
	1900-2000 Uhr:	6065, 9615, 9655 kHz und Mittelwelle 1179 kHz

Schweizer Radio Int., Schweiz

Deutsch:	0730-0800 Uhr:	3985, 6165, 9535 kHz
	1300-1330 Uhr:	6165, 9535, 12030 kHz
	1815-2030 Uhr:	3985, 6165, 9535 kHz

Radio Exterior de España, Spanien

Deutsch: *1830-1900 Uhr: 9765, 9875, 11790, 12035 kHz (Mo-Fr)

Radio Damaskus, Syrien

Deutsch: *1905-2005 Uhr: 9950, 12085, 15095 kHz

Stimme des Freien Chinas, Taiwan

Deutsch: *2200-2300 Uhr: 9852.5, 11580, 11915, 15270, 17750, 17790, 21720 kHz

Radio Prag, Tschechoslowakei

Deutsch: 0730-0800 Uhr: 1071, 6055, 7345, 9505 kHz
1400-1500 Uhr: 1071, 6055, 7345, 9505 kHz
1800-1830 Uhr: 5930, 6055, 7345, 9505, 9605 kHz
2100-2130 Uhr: 6055, 7345, 9605 kHz
Mehrsprachiges Interprogramm vormittags auf 6055, 7345, 9505 kHz

Radio Ankara, Türkei

Deutsch: 1830-1930 Uhr: 9795 kHz
2130-2200 Uhr: 9445 kHz

Radio Moskau, UdSSR

Deutsch: *1200-1400 Uhr: 9450, 11630, 11745, 11830, 11870, 11960, 13700, 13705, 15125, 15205, 15540 kHz
+ Langwelle 261 + MW 1323 kHz
*1800-2300 Uhr: 5905, 5960, 6145, 7230, 7340, 7360, 7390, 7440, 9450, 9470, 9765, 9820, 11980, 12010
+ Mittelwelle 1323, 1386 kHz

Radio Kiew, UdSSR

Deutsch: *1900-2000 Uhr: 5960, 6010, 6020, 6090, 6175, 7150, 7240, 7330, 9600, 9810, 11755, 11780, 15330, 15350 kHz
*2200-2300 Uhr: 5960, 6020, 6185, 9600, 9820, 9865, 12020, 15125 kHz

Radio Budapest, Ungarn

Deutsch:	1400-1500 Uhr:	6110, 7220, 7490, 9585, 9835, 11910, 15160, 15220 kHz (So)
	1900-2000 Uhr:	6110, 7220, 7490, 9585, 9835, 11910, 15160, 15220 kHz (So)
	1930-2000 Uhr:	6110, 7220, 7490, 9585, 9835, 11910, 15160, 15220 kHz (Mo-Sa)
	2130-2200 Uhr:	6110, 7220, 7490, 9585, 9835, 11910, 15160, 15220 kHz (Mo-Sa)

Voice of America (VoA), USA

Deutsch:	0600-0700 Uhr:	3980 kHz
	0730-0800 Uhr:	Mittelwelle 1197 kHz
Englisch:	0800-1800 Uhr:	Mittelwelle 1197 kHz (VoA Europe, Mo-Sa)
	*0630-0800 Uhr:	5955, 6060, 6095, 6140, 7170, 7200, 7325, 11825 kHz
	*1600-2300 Uhr:	3980, 6040, 9700, 9760, 11760, 15205 kHz

CSBN (WCSN/WSHB), USA

Deutsch:	*0905-0955 Uhr:	9840, 11705 kHz (Sa+So)
	*1005-1055 Uhr:	9455 kHz (Sa+So)
	*2105-2155 Uhr:	13770, 15665 kHz (Sa)
Englisch:	*0700-0900 Uhr:	9455, 9840, 11705 kHz
	*1900-2100 Uhr:	15665, 21640, 21780 kHz

Family Radio (WYFR), USA

Deutsch:	*0600-0700 Uhr:	7355, 9770, 9852.5, 13695 kHz
	*1800-1900 Uhr:	15355, 15566, 21615 kHz
	*2000-2100 Uhr:	11580, 21500 kHz

Radio Vatikan

Deutsch:	0620-0640 Uhr:	6185, 6245, 9645 kHz u. Mittelwelle 1530 kHz
	1600-1615 Uhr:	6245, 7250, 9645, 11740 kHz und Mittelwelle 1530 kHz
	2020-2040 Uhr:	6185, 6190, 6245, 7250, 9645 kHz und Mittelwelle 1530 kHz

UAE-Radio Dubai, Vereinigte Arabische Emirate

Englisch:	*1130-1210 Uhr:	13675, 15320, 15435, 17865, 21605 kHz
	*1430-1500 Uhr:	13675, 15320, 15435, 17865, 21605 kHz
	*1700-1740 Uhr:	11795, 13675, 15320, 15400, 21605 kHz

Voice of Vietnam, Vietnam

Englisch:	*1700-1730 Uhr:	9840, 12020, 15010 kHz
	*1900-1930 Uhr:	9840, 12020, 15010 kHz
	*2000-2030 Uhr:	9840, 12020, 15010 kHz
	*2130-2200 Uhr:	9840, 12020, 15010 kHz

* = Sendung kommt im Sommerhalbjahr eine Stunde später.

Alle hörbaren Sender der Welt ...

Umfassende und aktuelle Informationen bietet das Jahrbuch „Sender & Frequenzen", zu dem es dreimal jährlich Nachtragshefte gibt, in denen die aktuellen Hörfahrpläne veröffentlicht werden.

Das Jahrbuch „Sender & Frequenzen" enthält Informationen über sämtliche hörbaren Rundfunksender aus über 170 Ländern der Erde. Außerdem finden Sie in diesem Handbuch die komplette Frequenzliste der Rundfunksender auf Lang-, Mittel- und Kurzwelle von 150 kHz bis 30 MHz sowie die „Hörfahrpläne" aller Sendungen in Deutsch, Englisch, Französisch, Spanisch und Esperanto aus aller Welt.

Dieses einzige aktuelle deutschsprachige Handbuch für weltweiten Rundfunk-Empfang sollten Sie kennenlernen! Weitere Informationen dazu finden Sie am Ende dieses Buches (Leserservice).

Radio Nederland
On your wavelength

Only a split second away

Transmissions in: Dutch, English, Spanish, Portuguese, French, Arabic, Papiamento, Indonesian, Sranan Tongo.

Write for free program guide to: - P.O. Box 222, 1200 JG Hilversum - The Netherlands

Deutsche Sender auf Kurzwelle

Wer Kurzwelle hört, möchte natürlich Sender aus anderen Ländern empfangen. Trotzdem ist es aber interessant zu wissen, welche deutschen Sender auf Kurzwelle zu hören sind. Und viele Urlauber und Geschäftsreisende möchten auch im Ausland kaum auf deutsche Nachrichten verzichten. Mit einem kleinen Weltempfänger/Reiseradio ist das kein Problem.

An erster Stelle ist natürlich der offizielle KW-Auslandsdienst der Bundesrepublik zu nennen, nämlich die Deutsche Welle, die auf der folgenden Seite ausführlich vorgestellt wird.

Außerdem strahlen auch verschiedene ARD-Landesrundfunkanstalten ihr Programm teilweise auf Kurzwelle aus. Diese Sendungen sind im deutschsprachigen Raum Europas oft gut zu empfangen. Die Tabelle gibt eine Auskunft über die benutzten Frequenzen. Nähere Informationen kann man von den Rundfunkanstalten anfordern. Empfangsberichte werden übrigens auch bestätigt.

Deutsche Sender auf Kurzwelle

Deutsche Welle	6075, 9545 kHz
Radio Bremen / Sender Freies Berlin	6190 kHz
RIAS Berlin	6005 kHz
Süddeutscher Rundfunk	6030 kHz
Südwestfunk (SWF 3)	7265 kHz
Bayerischer Rundfunk	6085 kHz

Die Adressen der deutschen Rundfunkanstalten

Bayerischer Rundfunk, Rundfunkplatz 1, 8000 München 2
Radio Bremen, Heinrich-Hertz-Str. 13, 2800 Bremen 33
Deutsche Welle, Postfach 100444, 5000 Köln 1
Deutschlandfunk, Postfach 510640, 5000 Köln 51
Hessischer Rundfunk, Bertramstr. 8, 6000 Frankfurt/M.
Norddeutscher Rundfunk, Rothenbaumchaussee 132–134, 2000 Hamburg 13
RIAS Berlin, Kufsteiner Str. 69, 1000 Berlin 62
Sender Freies Berlin, Masurenallee 8–14, 1000 Berlin 19
Süddeutscher Rundfunk, Postfach 837, 7000 Stuttgart 1
Südwestfunk, Postfach 820, 7570 Baden-Baden
Westdeutscher Rundfunk, Appellhofplatz 1, 5000 Köln 1

Die Deutsche Welle

Die Bundesrepublik Deutschland unterhält einen der größten Auslands-Rundfunkdienste. Die **Deutsche Welle (DW)**, der Kurzwellen-Rundfunkdienst der deutschen Rundfunkanstalten (ARD), ist nach Radio Moskau, Radio Peking, Voice of America und BBC London der fünftgrößte Sender, was Programmstunden und Senderzahl betrifft.

Vom neuen Funkhaus in Köln werden Rundfunksendungen in über 30 Sprachen ausgestrahlt. Neben den Sendeanlagen in Jülich (zwischen Köln und Aachen) und im Wertachtal/Allgäu werden von der Deutschen Welle eigene und angemietete Sendeanlagen rund um die Welt eingesetzt. Die Standorte: Sines/Portugal, Malta, Kigali/Ruanda, Antigua/Karibik, Sri Lanka, Brasilien, Kanada.

Die Deutsche Welle hat den Auftrag, ein Programm auszustrahlen, das den Rundfunkhörern im Ausland ein umfassendes Bild des politischen, kulturellen und wirtschaftlichen Lebens in Deutschland vermittelt und die deutschen Auffassungen zu wichtigen Fragen des nationalen und internationalen Geschehens erläutern soll.

Das deutsche Programm der Deutschen Welle ist ein „rund-um-die-Uhr-" und „rund-um-die-Welt"-Programm, das ununterbrochen in einer einzigen Sendung ausgestrahlt wird, die 23 Stunden und 47 Minuten lang ist. Dabei wird fortlaufend alle zwei Stunden ein Teil der Frequenzen umgeschaltet, aber die Programmkette reißt niemals ab. So ist das deutsche Programm in Übersee in jedem Empfangsgebiet mindestens zweimal, in der Regel aber dreimal täglich zu hören.

Für Europa wird das deutsche Programm ununterbrochen täglich 16 Stunden lang über Rundstrahler gesendet. Der Empfang im 49-m-Band (6075 kHz) und 31-m-Band (9545 kHz) ist immer sehr gut. Für die Programmgestaltung gilt die Devise: aktuell, informativ und unterhaltend. In diesem Sinne werden die stündlichen Nachrichten und die Zeitfunksendungen ständig aktualisiert. Das „Funkjournal" bringt live das Tagesgeschehen mit Börsenkursen, Lottozahlen, Sport und Musik im vier-Stunden-Rhythmus. Die aktuelle Weltpolitik wird durch Berichte der Auslandskorrespondenten beleuchtet. Samstags gibt es statt dessen Berichte aus Bonn und den Europareport. Das Reisejournal bringt wichtige Informationen für Touristen. In der Sendung „Noten und Notizen aus Deutschland" wird über lokales und regionales Geschehen in musikalischer Verpackung berichtet.

Große, weltweite Resonanz finden die Sendungen „Deutschland-Quiz", „Grüße aus dem Heimathafen" und „Stadtbummel – mit dem Spiel der 100 Preise" (eine öffentliche Veranstaltung in deutschen Städten alle fünf Wochen). Wer das Spielgeschehen in der Bundesliga und Berichte über andere Sportereignisse nicht vermissen möchte, wird im „Sportreport" (Sa/So) und in „Sport aktuell" (Mi) unterrichtet. Die Deutsche Welle verschickt auf Anfrage gern umfangreiches Informationsmaterial und regelmäßig den Sendeplan. Empfangsberichte werden bestätigt.

Adresse: Deutsche Welle, Postfach 100 444, 5000 Köln 1

Im Sprung um die Welt

Ist Ihnen beim Empfang von Sendern aus aller Welt nicht auch manchmal die Frage durch den Kopf gegangen, wie das alles überhaupt möglich ist? Weltweiter Rundfunk auf Kurzwelle – das ist in groben Zügen schnell erklärt:

Die Erdkugel ist von der Atmosphäre umhüllt, die sich in verschiedene Bereiche gliedert. So reicht bis in eine Höhe von etwa 10 km die Troposphäre, in der das Wettergeschehen stattfindet. Dann folgen verschiedene andere Schichten. In etwa 100 km Höhe beginnt die Ionosphäre, die bis in eine Höhe von einigen Hundert Kilometern reichen kann. Aufgrund der Sonneneinstrahlung werden in der Ionosphäre Luftteilchen ionisiert. Innerhalb der Ionosphäre gibt es Schichten unterschiedlicher Elektronendichte.

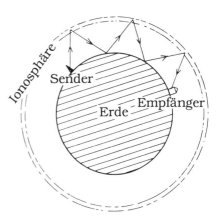

Abb.: Weg einer KW-Sendung vom Sender zum Empfänger durch Reflexionssprünge zwischen Erde und Ionosphäre.

Der Kurzwellenrundfunk macht sich nun den Effekt zu Nutzen, daß Funkwellen unter bestimmten Bedingungen an diesen Ionosphärenschichten gebrochen bzw. gebeugt und reflektiert werden. Die Antenne des KW-Senders strahlt die Funkwellen unter einem bestimmten Winkel in den Himmel. Diese sogenannten Raumwellen werden an der Ionosphäre zur Erde hin reflektiert. Im Auftreffbereich ist die Sendung dann wieder zu empfangen. Die Funkwellen werden dann aber auch wieder an der Oberfläche reflektiert und können so einen oder mehrere große Sprünge machen. So lassen sich große Entfernungen rund um den Erdball überbrücken – mit einem Sprung maximal 4000 km.

Diese Art der Ausbreitung durch Reflexion an der Ionosphäre ist nur Funkwellen aus dem Kurzwellenbereich möglich. Der Reflexionsgrad und damit die KW-Ausbreitungsbedingungen sind von verschiedenen Faktoren abhängig, hauptsächlich vom Sonnenstand, also von der Jahreszeit und von der Tageszeit sowie von der Sonnenaktivität. Außerdem spielt der Einstrahlwinkel und die Frequenz der KW-Sendung eine Rolle.

Wenn Sie wieder einmal vor Ihrem Radio sitzen und Kurzwelle hören, wissen Sie nun, welch weiten und eigentlich umständlichen Weg die Funkwellen vom Sender bis zu Ihrer Antenne zurückgelegt haben und wieviel Faktoren dabei einen Einfluß ausüben. Es ist also kein Wunder, daß die Qualität des KW-Empfangs nicht mit der UKW-Empfangsqualität mithalten kann und daß Störungen und Schwankungen sehr erheblich sein können.

Braucht man eine Antenne?

Die Antenne ist natürlich von großer Bedeutung für einen guten Empfang. Aber es kommt dabei auch sehr auf die Ansprüche des Hörers an. Jedes Empfangsgerät wird entweder mit der eingebauten Teleskopantenne (Stabantenne) oder mit ein paar Metern Draht als Antenne den Empfang zahlreicher Sender ermöglichen. Für einen durchschnittlichen Kurzwellenhörer ist das völlig ausreichend, um eine Vielzahl von Sendern aus aller Welt zu empfangen.

Gerade viele Anhänger glauben leider, man müßte sich zuerst einmal ein riesiges Antennengebilde auf's Dach oder in den Garten setzen, um vernünftigen KW-Empfang zu haben. Das ist völlig unnötig. Alle in diesem Buch vorgestellten Sender können Sie ohne besondere Antenne empfangen. Dazu zwei Tips:

Wenn Ihr Radio eine Teleskopantenne hat, müssen Sie diese ganz herausziehen. Probieren Sie verschiedene Standorte in der Wohnung aus. Am Fenster hat man oft den besten Empfang.

Als einfache Behelfsantenne können Sie ein paar Meter einfachen Klingeldraht in der Wohnung auslegen. Ein Ende des Drahtes wird abisoliert und in die Antennenbuchse des Radios gesteckt. Vergleichen Sie, ob der lange Draht die besten Empfangsergebnisse längs der Außenwand, entlang von Rohrleitungen, in Fensternähe oder um das Fenster herum bringt. Vom Anschluß an die Gemeinschaftsantenne ist in der Regel für den KW-Empfang abzuraten.

Wenn Sie sich nun aber doch stärker für den KW-Empfang interessieren und auch Sender hören wollen, die nicht so leicht zu empfangen sind, können Sie an die Errichtung einer speziellen KW-Antenne denken. Das wird normalerweise eine außen installierte Drahtantenne sein. Man braucht aber ziemlich viel Platz, um eine der üblichen Drahtkonstruktionen zwischen zwei geeigneten Punkten möglichst frei aufzuhängen. Wer nicht die Möglichkeit hat, außerhalb des Hauses (oder auch unter dem Dach) eine Drahtantenne aufzuhängen, dem bleibt als Alternative eine sogenannte Aktiv-Antenne. Eine solche Aktiv-Antenne wird normalerweise innerhalb der Wohnung benutzt, hat geringe Abmessungen, dafür aber einen besonderen Verstärker, der diese Nachteile wieder wettmachen soll. Wenn Sie tatsächlich der Ansicht sind, eine spezielle KW-Empfangsantenne zu benötigen, sollten Sie mein Buch **„Antennen-Ratgeber für KW-Empfang"** beachten! In diesem Buch sind alle wichtigen Informationen, Ratschläge und Anleitungen zusammengefaßt, um Ihnen zu einer vernünftigen KW-Empfangsantenne zu verhelfen. Sie können den Antennen-Ratgeber über unseren Leserservice beziehen (am Ende dieses Buches).

KW-Weltempfänger

Sie können mit fast jedem Rundfunkgerät auf Kurzwelle Sender aus aller Welt empfangen. Die meisten der Leser werden auch ihr normales Radio dazu benutzt haben, den Kurzwellenempfang, wie in diesem Buch geschildert, auszuprobieren. Bestimmt hatten Sie damit auch einen erfolgreichen Einstieg ins Kurzwellenhören.

Wer aber mehr will in Bezug auf Empfangsleistung, Bedienungskomfort und Hörqualität, der wird über kurz oder lang an die Anschaffung eines Empfängers denken, der speziell für die Erfordernisse des Kurzwellenhörens konzipiert ist. Da gibt es einmal die Kofferradios mit überdurchschnittlichem Kurzwellenteil. Und zum anderen gibt es die sogenannten Weltempfänger, die besonders für Kurzwellenhörer und DXer geschaffen sind.

Welche Vorteile verspricht man sich von einem besseren Empfänger? An erster Stelle dürfte da wohl der Wunsch nach besserer Trennschärfe stehen, d.h. große Bandspreizung, um in den dichtbelegten KW-Bereichen besser zwischen den Sendern trennen zu können und Störungen durch andere Sender herabzusetzen. Um auch schwächere Stationen empfangen zu können, ist eine höhere Empfindlichkeit zu wünschen. Problematisch ist bei einfachen Radios auch die Einstellung auf eine bestimmte Frequenz oder die Bestimmung der Frequenz eines gehörten Senders. Daraus folgt der Wunsch nach einer genauen Frequenzablesung, wie es die digitalen Frequenzanzeigen möglich machen.

Nun ist das Angebot an Kurzwellenempfängern vielfältig. Der relativ kleine Markt für diese Geräte wird von den Herstellern stark umkämpft, und jeder preist natürlich sein Gerät als das Beste an. Die Beratung durch den örtlichen Rundfunkhandel ist oft mangelhaft und die Auswahl an Geräten sehr begrenzt. Wo soll man nun die Informationen hernehmen, die man zum Vergleich der verschiedenen Geräte und letztlich zur Kaufentscheidung benötigt?

Um hier Abhilfe zu schaffen, gibt der Siebel Verlag regelmäßig das **„Weltempfänger-Testbuch"** heraus. Dieses Buch beinhaltet die ausführlichen Vorstellungen und Beurteilungen aller auf dem Markt befindlichen Weltempfänger. Sie können darin klipp und klar nachlesen, welche Empfänger – für wen und für welchen Zweck – etwas taugen, und welche nicht. Auf diese Weise finden Sie heraus, welcher Empfänger für Sie der „Richtige" ist. Damit ist dieses Buch ein äußerst hilfreicher Ratgeber beim Empfänger-Kauf.

Verschiedene informative Kapitel mit leichtverständlichen Erläuterungen zur KW-Empfänger-Technik, mit Hinweisen zur optimalen Bedienung und zum erfolgreichen Weltempfang runden das Buch ab und machen es zu einem unverzichtbaren Nachschlagewerk für die Freunde des weltweiten Funkempfangs.

Dieses Buch von Nils Schiffhauer, einem der bekanntesten deutschen DXer, ist ein Buch im typischen Stil des Siebel Verlags: verständlich und von hohem praktischen Wert. Sie können das Testbuch zum Preis von DM 26,80 direkt über unseren Leserservice beziehen.

Es ist auch empfehlenswert, vorher andere Kurzwellenhörer nach ihrer Meinung und Erfahrung zu befragen und nach Möglichkeit verschiedene Geräte auszuprobieren. An vielen Orten treffen sich regelmäßig KW-Hörer. Dort können Sie Kontakte knüpfen und Hilfe finden.

Welche Erfahrungen haben Sie, welche Anforderungen stellen Sie an Ihr zukünftiges Empfangsgerät, was wollen Sie damit machen, was wollen Sie hören? Diese Fragen sollten Sie vor einer Kaufentscheidung klären. Natürlich spielt auch das liebe Geld eine Rolle.

Vernünftige kleine Weltempfänger mit Digitalanzeige gibt es heute schon in der Preisklasse von 350,– bis 600,– DM. Und für deutlich unter 1.000,– DM gibt es die richtig guten und komfortablen Weltempfänger. Natürlich gibt es auch Geräte für einige Tausend DM und mehr – aber solche Anschaffungen lohnen sich für „normale" Welthörer eigentlich nicht.

Wenn Sie, lieber Leser, bereits von diesem Buch eine erste Hilfe bei der Wahl eines KW-Empfängers erwarten, sollen Sie nicht enttäuscht werden. Wie erwähnt, füllen die ausführlichen Testberichte über alle erhältlichen Geräte ein ganzes, dickes Buch. Im Rahmen des hier Möglichen sollen Sie aber wichtige Merkmale eines Weltempfängers kennenlernen. Beachten Sie bitte dazu die Ausführungen auf den nächsten Seiten. Im Anschluß daran werden Ihnen einige Kurzwellenempfänger aus dem breiten Angebot vorgestellt. Diese Geräte stellen eine Auswahl dar, wobei es sich durchweg um vernünftige, empfehlenswerte Geräte handelt, die für den jeweiligen Preis eine entsprechende Leistung bieten. Das soll aber nicht heißen, daß andere, hier nicht genannte Geräte nicht auch gut und empfehlenswert sein können. Bei dieser Auswahl von Geräten ist für jeden Anspruch und Geldbeutel etwas dabei – vom preiswerten, handlichen Kofferradio über vielseitige Mittelklassegeräte bis zum echten Weltempfänger mit allen technischen Möglichkeiten und Bedienungskomfort.

Und wo kauft man letztlich solche Kurzwellengeräte? Der Rundfunkfachhandel bietet, wenn überhaupt, nur eine kleine Auswahl der Geräte bekannter Marken aus der Unterhaltungselektronik. Funkfachgeschäfte führen häufig dagegen die gängigen anderen Geräte. Dann gibt es noch einige Firmen, die sich auf den Verkauf von Kurzwellenempfängern spezialisiert haben und bei denen fast jeder KW-Empfänger zu bekommen ist. Preisvergleiche lohnen sich wirklich, denn der Konkurrenzkampf ist hart.

Doch kommen wir nun zu den verschiedenen Kriterien, die bei einem Weltempfänger zu beachten sind:

Art des Gerätes

Wir unterscheiden zwischen tragbaren Kofferradios und den stationären Empfangsgeräten, wobei die gängigen Geräte oft ein Mittelding sind. Große, schwere Geräte wird man wohl kaum auswählen, wenn man den Empfänger auch unterwegs mitnehmen möchte. Sie sollten also überlegen, zu welchem Zweck Sie das Gerät anschaffen wollen. Soll es klein und handlich sein, oder soll es sowieso nur zu Hause in der Empfangsecke stehen, wo Größe und Gewicht keine Rolle spielen.

Frequenzbereiche

Welche Frequenzbereiche möchten Sie empfangen? Sollen es nur die wichtigen KW-Rundfunkbereiche sein (49-, 41-, 31-, 25-, 19-Meter-Band)? Oder möchten Sie das gesamte KW-Spektrum durchgehend empfangen können? Dabei müssen Sie beachten, daß schon heute einige Rundfunksender außerhalb der offiziellen KW-Rundfunkbereiche senden. Wenn Sie sich über den reinen Rundfunk hinaus auch für den Empfang anderer Funkdienste interessieren (z.B. Amateurfunk, Zeitzeichensender, ...), sollte Ihr Empfänger über den gesamten KW-Bereich verfügen. Mittelwellenempfang und Langwellenempfang sind weitere Möglichkeiten, die die meisten Geräte bieten. Aber möchten Sie auch den UKW-Rundfunk mit Ihrem Gerät empfangen? Bei einem Reiseempfänger ist das sicherlich erwünscht, doch zu Hause haben Sie oft schon ein gutes Radio, daß Ihnen einen besseren UKW-Empfang bietet.

Frequenzanzeige

In den vergangenen Jahren hat sich endlich die digitale Frequenzanzeige für KW-Weltempfänger durchgesetzt. Sie können dabei die eingestellte Frequenz auf ein Kilohertz genau ablesen. Das war bei den früher üblichen Analogskalen nicht möglich – man mußte schätzen. Eine Digitalanzeige bringt echte Vorteile bei der Sendersuche und Identifikation. Lediglich bei einfachen Reiseempfängern ist eine Analogskala ausreichend.

Abstimmung

Die Sendereinstellung (Abstimmung) erfolgt üblicherweise durch Drehen eines Abstimmknopfes mit vorangegangener Bereichswahl. Wichtig ist dabei eine ausreichende Bandspreizung bzw. Feineinstellung, damit man nicht gleich mit einer kleinen Bewegung über einen großen Frequenzbereich und zahlreiche Sender hinweg- „dreht", sondern gut Sender für Sender einstellen kann. Bei den mikroprozessorgesteuerten Geräten wird die gewünschte Frequenz über Tasten – wie bei einem Taschenrechner – eingetippt, bzw. man betätigt zum Suchlauf Tasten und „kurbelt" also nicht mehr über die Bänder.

Betriebsarten

Der Rundfunk arbeitet in der Betriebsart AM (Amplitudenmodulation). Dazu ist jeder Empfänger geeignet. Der UKW-Rundfunk arbeitet mit FM (Frequenzmodulation). Spezielle Funkdienste, z.B. die Amateurfunker, arbeiten mit SSB (Einseitenbandmodulation). Wer nur Rundfunksender hören möchte, braucht keine SSB-Empfangsmöglichkeit. Falls Sie sich aber für den Amateurfunk oder für andere Funkdienste interessieren, sollte Ihr Gerät SSB-Empfang ermöglichen.

Empfindlichkeit

Um auch schwache Sender empfangen zu können, muß der Empfänger über eine gute Empfindlichkeit verfügen, wobei aber auch ein guter Signal-Rausch-Abstand bestehen bleiben muß. Leider sind den Herstellerangaben oft nicht die Empfindlichkeitswerte objektiv zu entnehmen.

Trennschärfe

Im dichtbelegten Kurzwellenbereich ist eine gute Trennschärfe eine wichtige Voraussetzung für einen relativ störungsfreien Empfang, bzw. für den Empfang überhaupt bei schwachen Sendern. Die Trennschärfe wird um so besser, je weiter die einzelnen Frequenzbereiche gespreizt sind und je besser die Filter im Gerät sind.

Spiegelfrequenzsicherheit

Aufgrund der Empfängertechnik kann man einen Sender evtl. nicht nur auf der eigentlichen Sendefrequenz, sondern auch auf gewissen anderen Frequenzen in einem bestimmten Abstand zur Sendefrequenz empfangen. Diese Erscheinung nennt man Spiegelfrequenz. Gute Empfänger haben eine hohe Spiegelfrequenzdämpfung und unterdrücken diesen Effekt.

Signalstärken-Meßgerät (S-Meter)

Viele KW-Empfänger haben ein S-Meter eingebaut, das die Signalstärke angeben soll. Oft sind diese Meßgeräte ungenau oder willkürlich aufgeteilt, so daß sie nur zu einer groben Einschätzung der Signalstärke (S) dienen können.

Automatische Verstärkungsregelung (AVC)

Bei schwachen Signalen wird die Verstärkung automatisch erhöht, bei starken Sendern verringert. Und auch die schwankende Signalstärke eines Senders wird ausgeglichen (Schwundregelung). Die AVC sollte aber schaltbar sein, denn sonst könnte man keinen schwachen Sender empfangen, wenn direkt daneben ein starker Sender liegt, weil sich die AVC auf den starken Sender einstellt. Ist die automatische Verstärkungsregelung mit einer manuellen Einstellung der Hochfrequenzverstärkung verbunden, lassen sich durch Abschalten der AVC und Rücknahme der Verstärkung auch Kreuz- und Intermodulationserscheinungen vermindern.

Bandbreitenumschaltung

Die Bandbreitenumschaltung ermöglicht die Einengung des hörbaren Frequenzbereiches, um so störende Sender, die nah neben der Empfangsfrequenz liegen, besser zu unterdrücken. Dadurch geht aber auch die Tonqualität und die Verständlichkeit zurück.

Störbegrenzer (ANL)

Ein Störbegrenzer hat die Aufgabe, z.b. störende Knackgeräusche oder die Geräuschspitzen zu unterdrücken und kann so sehr schonend für das Gehör des KW-Hörers sein.

Tonblende

Eine Tonblende (Klangregler) dient dazu, je nach Empfangssituation den Frequenzbereich und die Wiedergabe einzuschränken, um so den Höreindruck angenehmer zu machen und Störungen klanglich zu vermindern.

NF-Teil, Klang

Beim Kurzwellenhören erwarten Sie keine HiFi-Qualität, dennoch kann ein guter Klang des Verstärkers und des Lautsprechers den KW-Empfang angenehmer gestalten. Wollen Sie auch UKW hören, gewinnt die Wiedergabe noch mehr an Bedeutung.

Antenne

Ein Kurzwellenempfänger hat entweder eine eingebaute, ausziehbare Teleskopantenne und/oder einen oder mehrere Anschlüsse für Außenantennen. Wer sich nicht mit der Teleskopantenne begnügen möchte, muß entweder eine Außenantenne oder eine Aktivantenne anschließen können. Dazu sollte der Empfänger über verschiedene Anschlußmöglichkeiten verfügen. Bitte beachten Sie auch das Kapitel über KW-Empfangsantennen.

Stromversorgung

Für den stationären Betrieb ist natürlich der Netzanschluß die günstigste Stromversorgung. Wenn Sie aber vom Netz unabhängig sein wollen, z.B. unterwegs, sollte auch der Batteriebetrieb (oder Akkubetrieb) möglich sein. Dabei ist natürlich ein geringer Stromverbrauch günstig.

Anschlußmöglichkeiten

Wichtig ist ein Kopfhöreranschluß, denn mit Kopfhörer ist nicht nur ein besseres Verstehen der Sendungen möglich, sondern man kann auch seiner Umgebung den oft unangenehmen Kurzwellenlärm ersparen. Eventuell wünschenswert ist der Anschluß für einen Außenlautsprecher. Ebenfalls sollte ein Ausgang für die Tonaufnahme vorhanden sein, um Sendungen auf Tonband oder Cassette aufnehmen zu können.

FTZ-Nummer

In der Bundesrepublik Deutschland dürfen nur solche Empfänger betrieben werden, die mit einer FTZ/ZZF-Prüfnummer gekennzeichnet sind oder die in einem anderen EG-Land geprüft sind und den EG-Bestimmungen entsprechen.

Grundig Satellit 700

Bis zur letzten Minute vor der Funkausstellung im September 1991 in Berlin hat Grundig die Geheimnisse um den neuen Satellit 700 gehütet. Der neue Spitzenempfänger sieht dem Vorgängermodell Satellit 500 sehr ähnlich. Neben einer weiter und deutlich verbesserten Empfangstechnik (Synchrondetektor mit umschaltbaren Seitenbändern zur Minderung von Störungen und Verzerrungen, mitlaufende Vorselektion, Doppelsupertechnik mit umschaltbaren Bandbreiten, regelbare HF-Verstärkung) werden sage und schreibe 512 Speichermöglichkeiten geboten, mit Zusatzmodulen sogar 2048!

Der Satellit 700 bietet den gesamten Bereich von 150 kHz bis 30 MHz und natürlich den UKW-Rundfunkbereich. SSB-Empfang ist möglich. Die Abstimmung erfolgt entweder durch direkte Eingabe der Frequenz per Tastatur oder per Suchlauf. Schon bekannt vom Satellit 500 ist die Abspeicherung von Sendernamen und Frequenzen – doch das wurde jetzt enorm erweitert und verbessert. In der Grundausstattung kann man 64 Sendernamen mit jeweils 8 Frequenzen (also insgesamt 512) selbst programmieren. Weitere drei sogenannte EEPROMs (programmier- und löschbare Nur-Lese-Speicher) lassen sich als steckbare Bausteine nachrüsten (ebenfalls jeweils 64 Sendernamen mit jeweils 8 Frequenzen programmierbar). Der Sendername wird (maximal 8stellig) auf dem großen Display angezeigt, ebenso wie die Frequenz und die aktuellen Betriebszustände.

Der Satellit 700 hat eine eingebaute Aktiv-Teleskopantenne, die automatisch abgeschaltet wird, wenn man den externen Antennenanschluß benutzt. Unser ausführlicher Praxistest zeigte, daß der Satellit 700 mit der eingebauten Antenne recht gute Empfangsergebnisse bringt, die deutlich besser sind als beim Vorgänger Satellit 500, sowohl im Rauschverhalten, wie auch bei der Empfindlichkeit und beim Großsignalverhalten. Die Bedienung ist trotz der zahlreichen Funktionen sehr einfach!

Der neue Grundig-Spitzenreiter wird ab Anfang 1992 im Rundfunkfachhandel lieferbar sein zu einem erstaunlichen Preis von etwa 850,– DM. Informationen in Form eines Katalogs bzw. Weltempfänger-Prospekts gibt es dann im Fachhandel oder von Grundig, Kurgartenstr. 37, 8510 Fürth.

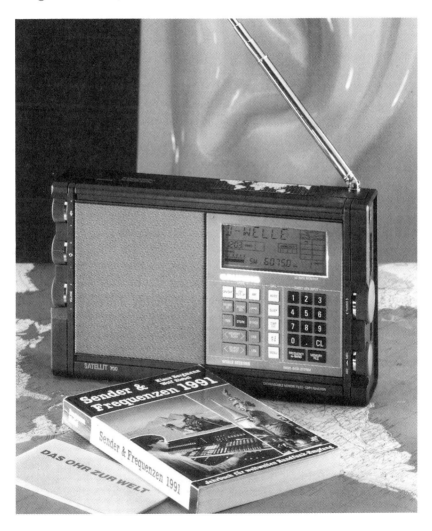

Siemens RK 665/670

Die Firma Siemens hat sich in den vergangenen Jahren mit preiswerten Weltempfängern für KW-Einsteiger profiliert. Seit Ende 1991 sind jetzt die beiden neuen Spitzenmodelle RK 665 bzw. RK 670 im Handel zu bekommen. Der RK 665 ist ein Doppelsuperempfänger mit dem üblichen Frequenzbereich 150 kHz bis 30 MHz durchgehend sowie UKW. Die Abstimmung erfolgt entweder über direkte Frequenzeingabe per Tastatur oder per Suchlauf. 45 Stationsspeicher stehen zur Verfügung. SSB-Empfang ist möglich. Auf dem großen Display werden alle Betriebszustände angezeigt.

Der RK 665 ist leicht zu bedienen und verfügt über die üblichen Ausstattungsmerkmale. Zum Lieferumfang gehört übrigens ein kleiner Stereo-Ohrhörer. Die Stromversorgung erfolgt über 3 Mignon- und 4 Monozellen, ein separates Netzteil kann angeschlossen werden. Die Teleskopantenne reicht normalerweise zum Empfang aus. Es steht aber auch ein externer Antenneneingang zur Verfügung. Sicherlich gut ankommen wird die Siemens-Idee, den RK 665 alternativ auch mit eingebautem Cassetten-Recorder anzubieten, mit dem man zum Beispiel zeitprogrammierte Aufnahmen machen kann (Timer eingebaut). Die Bezeichnung lautet dann RK 670, die Geräte sehen ansonsten gleich aus. Das ist eine nützliche Sache, die viele Hörer suchen. Und wenn dann noch der Kurzwellenempfang für diese Preisklasse gut ist (was wir nach den bisherigen Erfahrungen erwarten), dann steht dem Erfolg dieser Geräte nichts mehr im Wege.

Diese empfehlenswerten Einsteigergeräte für preisbewußte Welthörer kosten im Rundfunkfachhandel etwa 448,– DM (RK 665) bzw. 499,– DM (RK 670).

Vertrieb: Rundfunkfachhandel, dort gibt es auch den Siemens-Katalog (ansonsten bei Siemens Unterhaltungselektronik, Hochstr. 17, 8000 München 80).

Sony ICF-SW7600

Seit einiger Zeit auf dem Markt ist der ICF-SW7600 als Sonys Nachfolgemodell für den ICF-7600DS bzw. ICF-7600D (nicht zu verwechseln mit den Geräten ICF-7600DA oder 7601), mit denen Sony einen überwältigenden Verkaufserfolg landen konnte. Dieser kleine, aber leistungsstarke Empfänger setzt Maßstäbe in der Klasse der Geräte bis 500,– DM.

Das Äußere unterscheidet sich ganz wesentlich von den Vorgängermodellen, Optik und Bedienung wurden ansprechender gestaltet.

Der ICF-SW7600 bietet den Frequenzbereich von 153 kHz bis 30 MHz (LW, MW und KW) sowie den UKW-Bereich. Die Sendereinstellung (Frequenzwahl) erfolgt ausschließlich per Tastatur. Man kann sowohl eine gewünschte Frequenz eintippen als auch einen Frequenzbereich per Suchlauf (manuell oder Scanning) abhören. Außerdem steht eine Feineinstellung zur Verfügung. Zehn Frequenzen können fest programmiert werden (Stationstasten). Die Frequenz wird auf 5 kHz genau per Digitalanzeige dargestellt. Natürlich ist auch SSB/CW-Empfang möglich. Weitere Merkmale: Digitaluhr mit Schalt-/Weckeinrichtung, Abschwächer, Bandschalter für Rundfunkbereiche, doch leider kein Signalstärke-(S)-Meter. UKW-Stereo-Empfang ist mit Ohrhörer möglich.

Die Bedienung ist einfach und bequem. Nur wenn man vom normalen Kanalraster abweicht, muß man mit der Feineinstellung arbeiten. Es ist erstaunlich, welche Empfangsleistungen dieses Gerät bringt. Empfindlichkeit und Trennschärfe sind für die Preisklasse ausgezeichnet.

In der Version für Deutschland ist kein Anschluß für eine Außenantenne eingebaut, was uns wegen der guten Empfangsleistungen mit der eingebauten Teleskopantenne auch nicht notwendig erscheint. Für alle Fälle wird eine zusätzliche Drahtantenne mitgeliefert, die an die Teleskopantenne angeschlossen wird. Zum Schonen

der Batterien gehört erfreulicherweise auch ein Netzteil mit zum Lieferumfang.

Fazit: Wer mit dem Hobby Weltempfang beginnt und ein passendes Einsteiger-Gerät sucht, ist mit dem ICF-SW7600 sicherlich sehr gut bedient. Für unterwegs ist es das ideale Reiseradio. Der ICF-SW7600 ist im Rundfunkfachhandel teilweise schon für um die 400,- DM zu bekommen.

oben: SW77, unten: SW55

Sony ICF-SW77 und ICF-SW55

Sony ist der Hersteller mit der größten Auswahl an Weltempfängern. Zur Funkausstellung im Herbst 1991 stellte Sony die beiden neuen Spitzengeräte ICF-SW55 und den großen Bruder ICF-SW77 vor.

ICF-SW77

Ziel der Entwickler war es, die gleiche Empfangsqualität wie beim ungeschlagenen ICF-2001D zu erreichen, dies aber bei einem bedeutend höheren Bedienungskomfort. So steht jetzt eine neue Bedienungsphilosophie im Vordergrund, bei der in erster Linie Stationen und nicht Frequenzen eingestellt werden. Der Empfänger bietet die Speichermöglichkeit von 100 Sendernamen (6stellig alphanumerisch) mit insgesamt 162 Frequenzen. Ab Werk sind die wichtigsten Sender und Frequenzen schon vorprogrammiert, die aber vom Benutzer auch wieder geändert werden können. Natürlich bietet der SW77 auch die „normalen" Abstimmungsmöglichkeiten, also manuelle Abstimmung über Drehknopf, direkte Frequenzeingabe über Tastatur und Suchlauffunktionen.

Der Empfänger bietet mit PLL-Synthesizer-Tuner lückenlos den Frequenzbereich von 150 kHz bis 30 MHz und zudem den UKW-Rundfunkbereich. Abgestimmt wird in Schritten von 1 kHz oder 50 Hz. Natürlich ist SSB-Empfang möglich. Zwei Bandbreiten stehen zur Verfügung. Besonders wichtig ist aber der Synchrondetektor, der auch schon beim ICF-2001D im Vordergrund stand. Wie bei diesem Vorgänger läßt sich auch beim SW77 wahlweise auf das obere oder untere Seitenband automatisch synchronisieren. Diese Technik ist ein wirksames Mittel gegen viele Störungen und Verzerrungen.

Natürlich ist der ICF-SW77 für den Empfang mit der eingebauten Teleskopantenne ausgelegt, man kann aber durchaus auch eine externe Antenne anschließen. Wer dies tun möchte, dem sei eine nicht zu lange Drahtantenne oder eine Aktivantenne mit regelbarer Verstärkung empfohlen. Die Stromversorgung erfolgt über Batterien oder über ein externes Netzgerät.

Unser Kurztest mit dem ersten Mustergerät, das in Deutschland zur Verfügung stand, hat gezeigt, daß der neue ICF-SW77 in den Empfangsleistungen mit dem Vorgänger ICF-2001D vergleichbar ist, ihn hinsichtlich Bedienung und Ausstattung aber deutlich übertrifft. Der Preis soll bei 898,– DM liegen. Lieferbar ist das Gerät ab Frühjahr 1992.

ICF-SW55

Den neuen ICF-SW55 könnte man als Weiterentwicklung des bewährten ICF-SW7600 betrachten, allerdings mit deutlich mehr Bedienungskomfort. Auch schon optisch steht das große Display mit der Anzeige der Stationsnamen im Vordergrund. Der SW55 bietet Speichermöglichkeiten für 125 Sender und Frequenzen, wobei die Stationsnamen 8stellig sein können. Natürlich kann auch herkömmlich abgestimmt werden über Drehknopf (in Schritten von 1 kHz oder 100 Hz), per numerischer Eingabe der Frequenz über die Tastatur oder per Suchlauf. Die Frequenzanzeige erfolgt auf 1 kHz genau. SSB-Empfang ist möglich und es stehen zwei Bandbreiten zur Verfügung. Wie üblich kann der gesamte Bereich von 150 kHz bis 30 MHz empfangen werden und zusätzlich UKW-Rundfunk. Der SW55 macht einen sehr guten Eindruck, soweit uns eine Beurteilung vom Betrachten der Modelle und den Gesprächen mit Sony möglich ist. Das Gerät soll Anfang 1992 lieferbar sein und wird bei einem Preis von 500 bis 600 DM neue Maßstäbe in der unteren Preisklasse setzen.

Vertrieb: über den Rundfunkfachhandel. Weitere Informationen: Sony, Hugo-Eckener-Str. 20, 5000 Köln 30.

JRC NRD-535DG

Mehr als 500 bis 1000 Mark muß man eigentlich nicht ausgeben, um erfolgreich Rundfunksender aus aller Welt zu hören. Nun reicht zum Autofahren natürlich auch ein Golf und trotzdem sind viele Mercedes unterwegs. Der gute Stern unter den Kurzwellenempfängern ist seit vielen Jahren jeweils das neueste Modell von JRC, in diesem Fall ist das der NRD-535DG (Preis etwa 4000,– DM).

Dieses Gerät stellt das Optimum an bezahlbarer Empfangstechnik dar. Selbstverständlich bietet der NRD-535DG alle empfangstechnischen Verfahren, ebenso bietet er alle wünschenswerten Schalt- und Regelmöglichkeiten. Einige Stichworte: Frequenzbereich: 100 kHz – 30 MHz. Abstimmschritte: 1/10/100 Hz. Betriebsarten: AM, LSB, USB, CW, RTTY, FAX, ECSS. Drei Bandbreiten, zusätzliche Filter nachrüstbar. Notch-Filter, regelbare Rauschsperre und Störaustaster, umfangreiche Möglichkeiten für Frequenz- und Speicherkanal-Suchlauf, 200 Speicherplätze, Computeranschlußmöglichkeit, ...

Vertrieb: RICOFUNK-Fachhändler. Informationen: RICOFUNK stabo Elektronik, Münchewiese 14-16, 3200 Hildesheim.

Vereine (DX-Clubs)

Wenn bei Ihnen der weltweite Rundfunkempfang und die Jagd nach neuen Sendern zu einem Hobby wird, lohnt es sich für Sie, einem KW-Hörer-Club (auch DX-Club genannt) beizutreten. Der Jahresbeitrag beträgt in der Regel um die 60,– DM. Dafür bekommen Sie recht ordentliche Leistungen geboten: Der Bezug der Clubzeitschriften (z.B. „Weltweit Hören" oder „ADDX-Kurier") ist im Beitrag eingeschlossen. Außerdem legen die DX-Clubs großen Wert auf Hilfestellung und Service. Und man hat die Möglichkeit, sich an vielen Orten mit gleichgesinnten Hobbyfreunden zu treffen. Weitere Informationen gibt es gegen Rückporto direkt von den verschiedenen Clubs. Wir nennen hier die drei größten Vereinigungen. Weitere Informationen über regionale bzw. ausländische DX-Clubs können Sie beim Verlag anfordern.

Assoziation deutschsprachiger DXer (ADDX) e.V.,
Postfach 130124, D-4000 Düsseldorf 13.
Die ADDX e.V. ist der größte deutsche Kurzwellenclub und gibt zweimal monatlich die Zeitschrift „ADDX-Kurier" heraus. Ausführliche Informationsunterlagen und ein Probeheft der Zeitschrift gibt es gegen 3,– DM in Briefmarken (oder drei IRCs) von oben genannter Adresse.

Arbeitsgemeinschaft DX (AGDX) e.V.,
Postfach 1107, D-8520 Erlangen.
Die AGDX e.V. ist die Dachorganisation verschiedener mittelgroßer DX-Clubs und gibt monatlich die Zeitschrift „Weltweit Hören" heraus. Interessenten können ausführliche Informationsunterlagen und ein Probeheft der Zeitschrift gegen Einsendung von 3,– DM in Briefmarken (oder drei IRCs) anfordern.

Österreich: Assoziation junger DXer in Österreich (adxb-oe),
Postfach 1000, A-1081 Wien
(Österreicher können mittels Mitgliedschaft in der adxb-oe die Zeitschrift „Weltweit Hören" beziehen)

Senderregister

Zur leichteren Orientierung sind hier nicht die Sendernamen angegeben, sondern die Länder. Wenn Sie einen bestimmten Sender suchen, müssen Sie also unter dem betreffenden Land nachschauen. Sendezeiten/Frequenzen finden Sie unter den mit * gekennzeichneten Seiten!

Ägypten 63, *87
Afghanistan 61, *87
Albanien 59, *87
Algerien 80, *88
Argentinien 74, *88
Australien 83, *88
Bangladesh 82, *88
Belgien 36, *88
Brasilien 75, *88
Bulgarien 54, *88
China 68, *89
Deutschland 46, 47, *98–100
Ekuador 72, *89
Finnland 40, *89
Frankreich 34, *89
Gabun 84, *89
Griechenland 57, *89
Großbritannien 37, *90
Indien 81, *90
Iran 61, *90
Israel 78, *90
Italien 45, 46, *90
Japan 66, *91
Jordanien 79, *91
Jugoslawien 55, *91
Kanada 85, *91
Korea 64, 65, *91
Kroatien 56

Kuba 86, *89
Luxemburg 37, *91
Malta 47, *92
Monaco 47, *92
Neuseeland 83, *92
Niederlande 77, *92
Norwegen 77, *92
Österreich 44, *92
Pakistan 81, *93
Polen 50, *93
Portugal 78, *93
Rumänien 56, *93
Schweden 41, 47, *93
Schweiz 42, *93
Slowenien 56
Spanien 58, *94
Syrien 62, *94
Taiwan 67, *94
Tschechoslowakei 48, *94
Türkei 60, *94
UdSSR 51/52, *94
Ungarn 53, *95
USA 70–72 , *95
Vatikan 46, *95
Ver. Arab. Emirate 80, *96
Vietnam 82, *96

Das Jahrbuch „Sender & Frequenzen"

Das vorliegende Buch wendet sich an die Anfänger und kann natürlich nur die wichtigsten Informationen für einen erfolgreichen Einstieg in den weltweiten Kurzwellenempfang beinhalten. Für alle Hörer, die nicht nur gelegentlich einmal auf Kurzwelle 'reinhören wollen, sondern die Spaß haben und interessiert sind, alle Empfangsmöglichkeiten auszuschöpfen, geben wir jährlich das Handbuch **„Sender & Frequenzen"** (Jahrbuch für weltweiten Rundfunk-Empfang) heraus.

Dieses Jahrbuch der Welthörer ist das einzige aktuelle deutschsprachige Handbuch für weltweiten Rundfunk-Empfang. Es erscheint jährlich völlig aktualisiert und wird zusätzlich durch Nachtragshefte dreimal im Jahr ergänzt. Sie finden in diesem Jahrbuch alle wichtigen Informationen über sämtliche hörbaren Rundfunksender aus 170 Ländern der Erde: Sendefrequenzen, Sendezeiten, Sendepläne, Adressen, Hinweise auf QSL und weitere interessante Angaben und Tips.

Zu jedem Sender finden Sie Hinweise auf die besten Empfangschancen – eine wertvolle Hilfe für Wellenjäger bei der Suche nach neuen Sendern! Das Jahrbuch beinhaltet auch die komplette Frequenzliste der Rundfunksender auf Langwelle, Mittelwelle und Kurzwelle von 150 kHz bis 30 MHz. Die Frequenzliste nennt zu jeder Frequenz alle Sender, die dort wirklich gehört werden können und gibt Auskunft über die Empfangsstärke und die Empfangsmöglichkeiten.

Weiterhin finden Sie im Jahrbuch die kompletten „Hörfahrpläne" der deutsch-, englisch-, französisch- und spanischsprachigen Sendungen sowie Sendungen in Esperanto, geordnet nach Sendezeiten.

Dieser aktuelle und mit größter Sorgfalt recherchierte Datenteil wird ergänzt durch verschiedene Kapitel mit den Grundlagen zur Praxis des erfolgreichen Weltempfangs.

Und zu guter Letzt der Riesen-Pluspunkt des Jahrbuchs „Sender & Frequenzen": Im Verkaufspreis ist die Lieferung von drei Nachträgen enthalten mit allen up-to-date-Informationen über die Sender aus aller Welt (jeweils 32-Seiten-Hefte, vollgepackt mit Informationen). Anforderungskarte im Buch.

Das Jahrbuch hat einen Umfang von 496 Seiten (mit vielen Abbildungen und Fotos sowie zahlreichen Tabellen) im DIN-A5-Format.

Preis des Jahrbuches: DM 39,80 (inklusive 3 Nachtragslieferungen) Erscheinungstermin: jeweils am Jahresende für das darauffolgende Jahr. Selbstverständlich liefern wir bei Bestellung die neueste Ausgabe.

Lesen Sie, wie die verschiedenen Fachzeitschriften über das Jahrbuch „Sender und Frequenzen" urteilen:

„Wer nach einem zuverlässigen Begleiter durch die Welt des Rundfunks sucht, ist sicher mit „Sender & Frequenzen" gut beraten. Dieses Standardwerk für die deutschsprachigen Welthörer sollte neben keinem Empfänger fehlen. Es ist fast wie ein Telefonbuch zu benutzen. Weltempfang gerät auf diese Weise zu einem echten Erfolgserlebnis auch für Einsteiger." (Radiowelt)

„Praxisgerecht, übersichtlich, aktuell und preisgünstig – ein wertvolles Nachschlagewerk." (Weltweit Hören)

„Kann uneingeschränkt sowohl dem Hobbyneuling als auch dem schon erfahrenen Kurzwellenhörer empfohlen werden." (ADDX-Kurier)

„Ein nützliches und praktisches Buch für Wellenjäger. Nicht mehr wegzudenken von der KW-Szene." (Kurzwelle aktuell)

„Sehr empfehlenswert." (funk)

„Ein höchst erfreuliches Buch. Ganz großartig ist die Liste aller Rundfunksender. Sehr viele interessante Hinweise für Kurzwellenhörer. Und das Schönste – dreimal im Jahr gibt's kostenlos Nachträge!" (ELO)

Leserservice

Der Siebel Verlag befaßt sich speziell mit der Herausgabe und dem Vertrieb aller Bücher, die zum Hobby Kurzwellenhören, Funkempfang und Amateurfunk zählen. Unser Leserservice liefert alle interessanten Bücher per Post überall hin. Ausführliche Informationen über sämtliche Bücher gibt der jeweils aktuelle **„Funk-Buch-Katalog"**, den wir kostenlos verschicken.

Zwei Bücher haben Sie ja schon kennengelernt, nämlich das vorliegende Buch „Weltweit Radio hören" und unser Jahrbuch **„Sender & Frequenzen"**, das wir auf den beiden vorangegangenen Seiten vorgestellt haben.

Erwähnt wurde auch schon im Kapitel über Weltempfänger das **„Weltempfänger-Testbuch"**, das regelmäßig erscheint.

Das Weltempfänger-Testbuch schafft „Durchblick" im Geräte-Angebot. Der Autor sagt klipp und klar, welche Empfänger – für wen und für welchen Zweck – etwas taugen, und welche nicht.

Sie finden im Testbuch die ausführlichen Vorstellungen und Beurteilungen sämtlicher Weltempfänger. Außerdem enthält das Buch viele leichtverständliche Erläuterungen und Erklärungen zur KW-Empfänger-Technik sowie Hinweise zur optimalen Bedienung.

192 Seiten im Großformat (fast DIN-A4) mit sehr vielen Fotos und Abbildungen. Aktuelle 6. Ausgabe 1991/92. Preis: DM 26,80.

Gelobt und empfohlen wird das Testbuch von allen Fachzeitschriften. So schrieb z.B. der ADDX-Kurier:

„Dieses Buch hilft bei der Kaufentscheidung ... Ohne Schnörkel und Beschönigungen erfährt der Leser, was er von dem jeweiligen Empfänger erwarten kann, und was eben nicht! Alles in allem ein überaus ehrliches Buch, welches dem Käufer viel Lehrgeld und herbe Enttäuschung ersparen kann."

Antennen-Ratgeber für KW-Empfang
Außenantennen, Aktivantennen und Behelfsantennen

Dieses Buch von Wolf Siebel bietet handfeste, praxisgerechte Informationen, wertvolle Ratschläge und Anleitungen für den Laien, der ohne große Mühe die richtige Antenne für erfolgreichen Kurzwellenempfang einsetzen will. 136 Seiten mit vielen Abbildungen und Zeichnungen, DM 19,80.

Hobby Kurzwelle – Die Spezialgebiete des Weltempfangs

Unser Buch „**Hobby Kurzwelle**" wendet sich praktisch als Fortsetzung zum vorliegenden Buch „Weltweit Radio hören" an die fortgeschrittenen Welthörer und DXer. Es enthält umfangreiche Einführungen in verschiedene, äußerst interessante Spezialgebiete des Weltempfangs:

Arabien auf Kurzwelle, Tropenband-DX, Rundfunk aus Afrika, Lateinamerika-Empfang, Fernempfang auf Mittelwelle, Morse-, Telegrafie- und Funkfernschreib-Empfang (CW/RTTY), Amateurfunk, Volmet-Wetterfunk, Zeitzeichensender. 120 Seiten mit vielen Illustrationen, Preis: DM 19,80.

Die SINPO-Cassette – Empfangsbeurteilung, akustisch erklärt

Anhand von vielen akustischen Beispielen wird leichtverständlich und nachvollziehbar erklärt, welche Bedeutung der SINPO-Code hat und wie man ihn richtig anwendet. Laufzeit: 60 Minuten, Preis: DM 14,60.

Dann bieten wir auch Frequenzlisten und Funkhandbücher an, die sich mit den anderen, den „speziellen" Funkdiensten befassen, z.B. die „**Spezial-Frequenzliste 9 kHz bis 30 MHz**" (SSB-CW-FAX-RTTY) u.a. mit Seefunk, Flugfunk, Presseagenturen, Zeitzeichen, Meteo u.v.a.m.

Leserservice

Außerordentlich nützlich sind die

Vordrucke für Empfangsberichte,

die Sie bereits von Seite 27 kennen. Sie wissen, daß man einen Empfangsbericht nach bestimmten Regeln schreiben muß, um eine QSL-Karte (Empfangsbestätigung) von einer Rundfunkstation zu bekommen. Die Vordrucke erleichtern dies ganz erheblich. Nutzen Sie diese praktischen und zeitsparenden Formulare im Format DIN-A5, die Raum für alle notwendigen Einzelheiten bieten. Jede Packung enthält 100 Formulare und zusätzlich eine ausführliche Anleitung zum erfolgreichen Abfassen von Empfangsberichten! Preis: DM 8,50.

Logbuch für KW-Hörer

Ein Logbuch als Arbeits- und Dokumentationsunterlage ist unerläßlich, wenn man das Kurzwellenhören als Hobby erfolgreich betreiben möchte. Alle wichtigen Empfangsdaten werden während des Empfangs in das Logbuch eingetragen. Angaben über Datum, Zeit, Sender, Frequenz und SINPO-Bewertung sind obligatorisch. Daneben steht viel Raum für Programmeinzelheiten, Bemerkungen und andere Angaben nach eigenen Wünschen zur Verfügung. 68 Seiten DIN-A5. Preis: DM 6,80.

Das waren die wichtigsten Bücher und Artikel in Kürze. Wir liefern sofort mit Rechnung. Zur Bestellung genügt eine Postkarte.

Fragen und Probleme ???

Gern helfen wir Ihnen bei allen Fragen und Problemen im Zusammenhang mit dem Hobby Weltempfang. Schreiben Sie uns oder rufen Sie uns an!

Siebel Verlag – Leserservice

Auf dem Steinbüchel 6, D-5309 Meckenheim, Tel. (0 22 25) 30 32